Business-Märchen

für UnternehmerInnen und Gewerbetreibende

Dr. Manuela Mätzener
Ing. Michael Smetana
Mag. Franz Zuckerstätter

Die Autoren sind unter folgender Adresse erreichbar:
Manuela Mätzener, ifub GmbH, www.ifub.at
Michael Smetana, PRILLANCE Unternehmensberatung, www.prillance.at
Franz Zuckerstätter, best effect, www.besteffect.at

2021
ISBN 978-3-9504221-2-2

Umschlag: Martin Ristl
Zeichnungen: Verena Wugeditsch
Fotografen: Bernhard Barkow, Peter Berger, Sven Gilmore
Lektorat: Mag. Michaela Hocek, Mag. Sylvia Kabelka, Mag. Sabine Knoll, Mag. Matthias Schwendtner

Coverbild: istock

Verlag TrainerGeheimnisse, Wien
Printed in Austria
Druck: SALZKAMMERGUT DRUCK

Inhalt

Einleitung

DIE GESCHICHTE DIESES BUCHS

Nachdem wir 15 Jahre lang gemeinsam erfolgreich Projekte für Kunden abgewickelt hatten, beschlossen wir im Jahr 2018, unsere Erfahrungen und Erkenntnisse auch in Buchform zu veröffentlichen. Schnell war klar: Unsere Botschaften sind besonders für UnternehmerInnen und Gewerbetreibende interessant. Doch dann standen wir vor der Frage: Wie muss ein Buch geschrieben sein, das diese Menschen auch gerne lesen? Schließlich ist deren Zeit äußerst kostbar.

So entstand die Idee, die wertvollsten Essenzen unserer vergangenen Beratungsprojekte in Märchen zu „gießen". Sie sind spannend und unterhaltsam und jede/r kann daraus lernen, was sie/er möchte.

Vielleicht erinnert Sie die eine oder andere Figur unserer Märchen sogar an eine Person, die Sie tatsächlich kennen. Vielleicht kommt Ihnen die eine oder andere Szene vertraut vor. Denn wie in jedem guten Märchen steckt auch in unseren das eine oder andere Körnchen Wahrheit.

Lassen Sie sich verzaubern und kommen Sie mit auf eine Reise in (vielleicht gar nicht so) ferne Welten ...

Rollenbilder

In unseren Märchen begegnen Ihnen drei typische Rollen: Der Hofnarr, der Druide und die Muse. Manchmal füllen sie ihre Bestimmung offen aus - manchmal agieren sie verdeckt.

Seit Jahrtausenden nutzen weise HerrscherInnen besondere Ressourcen, die heute scheinbar in Vergessenheit geraten sind. Doch haben sie damit tatsächlich auch ihren Nutzen verloren?

Entscheiden Sie selbst, was unsere drei Figuren weisen HerrscherInnen auch heute noch bringen können ...

DER HOFNARR

Der Hofnarr hatte schon immer eine wichtige Funktion. Im Mittelalter war er der einzige, der dem Fürsten die Wahrheit sagen durfte, ohne dafür bestraft zu werden. Heute, im Zeitalter ständigen Wandels, hat er eine Schlüsselfunktion inne, wenn Veränderungsprozesse nicht in Gang kommen oder ins Stocken geraten. Er redet offen, ohne Tabus und auf Augenhöhe mit den Beteiligten aller hierarchischen Ebenen, stärkt deren Selbstvertrauen und trägt damit wesentlich zum Erreichen der angepeilten Ziele bei.

DER DRUIDE

Der Druide verfügt über uraltes Wissen und jede Menge Erfahrung im Kombinieren einfacher Zutaten zu raffinierten Mitteln. Diese entfesseln bei ihrer Einnahme ungeahnte Kräfte. Man bekommt einen klaren Blick fürs Wesentliche, kann schlagkräftiger und effizienter agieren, sich leichter auf Veränderungen einstellen und ist widerstandsfähiger gegen Krankheiten. Ein ambitionierter Druide ist stets bestrebt, die Rezeptur seiner Tränke weiter zu verbessern. Der regelmäßige Konsum eines Druiden-Elixiers führt zu einem Gewöhnungseffekt, bei dem die ungeahnten Kräfte als Normalzustand erlebt werden.

DIE MUSE

Eine Muse bringt Menschen wieder mit ihren eigenen Fähigkeiten und Stärken in Verbindung. Sie bekräftigt. Sie stärkt sie darin, an sich zu glauben und dem eigenen Bauchgefühl und der eigenen Intuition zu folgen. Sie gibt all ihr Wissen uneingeschränkt weiter. Als Inspirationsquelle hilft sie beim Querdenken. In Veränderungsprozessen gibt sie kreative Impulse und fördert Mut. Sie stellt ihre eigene Kreativität als Katalysator zur Verfügung, wodurch etwas Neues entstehen kann. Die Muse stellt sich ganz in den Dienst der Veränderung.

Die Weisheit des Hofnarren

Umgeben von modernen, langgestreckten Produktions- und Lagerhallen steht das altehrwürdige Gebäude, in dem die Bautischlerei Weitsicht seit Generationen Fenster und Türen erzeugt. Vorne sind Verkauf, Konstruktion und Buchhaltung untergebracht, im hinteren Teil befinden sich Werkstätte und Lager. Dazwischen liegt das Büro von Claudius Weitsicht, der das Unternehmen vor etlichen Jahren von seinem Vater übernommen hat.

Familie Weitsicht genießt einen guten Ruf. Sie gilt als tüchtig, redlich und hilfsbereit. Gute Handwerker sind sie, angesehene und verlässliche Geschäftsleute mit Handschlagqualität, beliebt in der Gemeinde, wohlwollend und fürsorglich zu ihren Mitarbeitern. Wer beim Weitsicht arbeitet, sagen die Leute, hat einen Arbeitsplatz fürs Leben.

Am Sonntag, nach der Messe, gehen Vater und Sohn Weitsicht auf ein Bier zum Kirchenwirt. In der Gaststube freuen sich die Leute, wenn sich ein Weitsicht zu ihnen an den Tisch setzt. Da wird sofort zusammengerückt, um einen Platz frei zu machen. Gegen Mittag brechen die beiden verlässlich auf, weil zu Hause ihre Frauen mit dem Essen auf sie warten und es gar nicht gerne haben, wenn sie sich verspäten.

Claudius Weitsicht ist in seinen Lehr- und Wanderjahren weit in der Welt herumgekommen. Er hat vieles gesehen und gelernt, was er als Firmenchef gut gebrauchen kann. Seine Vision sind zufriedene Kunden, die mit seinen Produkten froh und glücklich sind. Gemeinsam mit seinen Konstrukteuren entwickelt er Fenster und Türen, wie sie zuvor noch niemand im Tal gesehen hat.

Weil seine Kunden so begeistert sind von seinen Produkten, beschließt er, sie auch in den Nachbartälern anzubieten. Otto Vielfahrer, sein Verkäufer, macht sich auf den Weg und überall, wo er hinkommt, kann er sich der Aufträge kaum erwehren. Strahlend erzählt er seinem Chef, dass er noch viel mehr Geschäft machen könnte, wenn er einen Gehilfen zur Seite hätte. So kommt es, dass er zuerst einen, nach kurzer Zeit einen zweiten und etwas später noch einen dritten Gehilfen bekommt. Sie verkaufen so viele Fenster und Türen, dass schon bald die eigene Werkstätte mit der Produktion nicht mehr nachkommt.

Um die Kunden nicht mit langen Lieferzeiten zu verärgern, beauftragt Claudius Weitsicht andere Firmen, Fenster und Türen nach seinen Vorgaben herzustellen. Diese freuen sich über seine Aufträge und arbeiten fleißig von früh bis spät. Umsätze und Profite der Unternehmen steigen ebenso wie die Einkommen der Mitarbeiter, alle sind stolz auf den wirtschaftlichen Aufschwung und genießen ihren neuen Wohlstand.

Angefeuert von der allseits großen Bewunderung - sogar der Bürgermeister kommt von Zeit zu Zeit vorbei - arbeitet Claudius Weitsicht rastlos am Wachstum seines Unternehmens und an der Rationalisierung seiner Produktion. In Gedanken sieht er eine riesige Halle vor sich, in der Roboterarme automatisch greifen, sägen, fräsen und leimen, sich Rohstoffe und Werkstücke wie von Geisterhand gesteuert durch die Halle bewegen und letzten Endes fertig verpackt am Ende der Halle gestapelt werden. Dort, unmittelbar neben dem großen Tor, durch das die davor wartenden Lastkraftwagen beladen werden, kontrollieren etliche Mitarbeiter aufmerksam die Qualität der die Halle verlassenden Fenster und Türen. Doch noch ist es nicht so weit.

Das heurige Jahr wird, das steht schon im Oktober fest, das beste und erfolgreichste Jahr, das die Firma Weitsicht je hatte. Und weil das Firmenoberhaupt ein gerechter Mann ist, teilt er den Erfolg mit seinen Mitarbeiterinnen und Mitarbeitern. Er bedankt sich im Rahmen der Weihnachtsfeier mit einer großen Prämie für alle. Kein Wunder, dass es das schönste Weihnachtsfest ist, das man sich nur vorstellen kann. Was in dieser Feierlaune niemand ahnt, ist, dass es das letzte gute Jahr für lange Zeit sein wird.

Michael Amplatz spürt es als Erster. Er arbeitet im Verkaufsinnendienst und kennt viele Kunden persönlich. Er kann es zahlenmäßig nicht belegen, aber ihm kommt es so vor, als würde der eine oder andere Stammkunde seltener oder weniger bestellen als früher.

Besorgt erzählt er Otto Vielfahrer von seinem Gefühl. Dieser nimmt ihn aber nicht ernst. Im Gegenteil: Er lacht ihn aus und sagt, dass er wohl das Gras wachsen höre. Dass es bei einem so großen Umsatzwachstum immer Abgehängte gibt, die zurückbleiben, weil sie zu langsam sind oder zu bequem und den modernen Zeiten nicht gewachsen.

„Wir, lieber Michael, bauen die besten Fenster und Türen und demnächst sind wir nicht nur die Besten, sondern auch die Größten. Die Umsätze steigen und die neue Halle ist bald fertig. Unsere Firma kann niemand mehr aufhalten."

Der ansteckende Optimismus des Otto Vielfahrer verunsichert Michael Amplatz noch mehr. Sieht er wirklich Gespenster? Hört er wirklich das Gras wachsen? Ist er tatsächlich der Pessimist, als der er immer hingestellt wird? An wen soll er sich wenden?

Wer nimmt ihn ernst? Wer hört ihm zu? Er schläft schlecht und hofft, dass das alles nur ein böser Traum ist, der bald zu Ende geht. Argwöhnisch beobachtet er seine Kollegen und gelangt, weil die völlig unbesorgt und fröhlich ihrer Arbeit nachgehen, zum Schluss, dass Otto Vielfahrer Recht hat und er wirklich Gespenster sieht.

Vier Wochen früher als geplant ist die neue Halle fertig. Modernste Maschinen werden geliefert, montiert und vor staunendem Publikum in Betrieb genommen.

Bei der Eröffnungsfeier erscheinen alle wichtigen Leute aus der Region, der Pfarrer segnet Halle und Maschinen, der Bürgermeister lobt die Tüchtigkeit des Claudius Weitsicht, ein extra aus der nahen Stadt angereister Politiker spricht ihm Dank und Anerkennung aus. Er wünscht ihm, seinem Unternehmen und seinen Mitarbeiterinnen und Mitarbeitern weiterhin viel Erfolg. Claudius Weitsicht bedankt sich bei seiner Belegschaft für ihre Loyalität sowie ihr Engagement und bei seiner Familie für ihr Verständnis, dass er so wenig Zeit für sie hat. Am Abend gibt es ein großes Feuerwerk, das weithin zu sehen ist.

Vor dem Einschlafen denkt Michael Amplatz darüber nach, was es wohl war, das ihn so beunruhigt hat. Was immer es gewesen sein mag, der heutige Tag ist der Beweis, dass er sich geirrt hat. Wohlig räkelt er sich in seinem Bett und schläft so tief und fest, wie schon lange nicht.

Als er am übernächsten Morgen, dazwischen war ein Feiertag, in er Firma ankommt, begegnet ihm Otto Vielfahrer, der vor Freude außer sich ist: „Stell dir vor, Michael, was mir bei unserer Feier gelungen ist, da kommst du nie drauf, ich kann

es ja selbst noch nicht glauben. Der größte Bauträger im Umkreis von 100 Kilometern, die Sandburg-Bau, wird ihre Fenster und Türen ab sofort nur noch von uns beziehen. Weißt du, was das für unsere Firma bedeutet? Das gibt ein Umsatzplus, das sich gewaschen hat! Seit Jahren versuchen wir, mit der Sandburg- Bau ins Geschäft zu kommen und nie wollte es funktionieren. Doch als ihr Geschäftsführer nun gesehen hat, was wir in unserer neuen Halle zu leisten imstande sind, war er auf der Stelle überzeugt, dass wir der einzig richtige Lieferant für ihn sind."

Michael Amplatz verkneift sich die Frage, die ihm bei so triumphalen Verkaufserfolgen immer auf der Zunge liegt, nämlich: „Wie weit wird der vereinbarte Preis unter unserem Listenpreis sein?" Als ob Otto Vielfahrer seine Gedanken lesen könnte, setzt er fort: „Natürlich müssen wir ihm preislich etwas entgegenkommen, und bei den Zahlungszielen auch. Aber das versteht sich bei einem so großen Kunden sowieso von selbst!" Genau das ist es, was Michael Amplatz stört: großartige Verkaufserfolge zu Lasten des Preises. „Typisch Verkäufer", denkt er bei sich, „Ob der Auftrag für die Firma ein Geschäft ist, ist ihnen gleichgültig. Hauptsache, ihre Provision stimmt!"

Laut sagt er: „Hast du dem Chef schon davon erzählt?" „Selbstverständlich. Er musste mir ja den Sonderpreis genehmigen! Er hat sich sehr gefreut und mich gelobt, dass es mir gelungen ist, die Sandburg-Bau für uns zu gewinnen und mit einem Schlag unsere Marktposition entscheidend zu verbessern."

Ein knappes Jahr später, Michael Amplatz studiert gerade die Verkaufsstatistik, die eine atemberaubende Kurve nach oben aufweist, klopft Emilie Punktgenau, die gute Seele der Buchhaltung, an seine ohnehin offene Bürotür. „Ich muss dringend mit dir reden", sagt sie und schließt gleichzeitig, ganz gegen ihre Gewohnheit, die Türe hinter sich. „Diese Sandburg-Bau wird mir allmählich unheimlich. Unsere Forderungen an sie wachsen in den Himmel und sie bleibt alles schuldig, trotz ihrer ohnehin viel zu großzügig gewährten Zahlungsziele. Dieser Bauträger ist mittlerweile unser größter Kunde und es ist mir peinlich, ihn ständig mahnen zu müssen. Aber wenn er so weitermacht, werden wir schon bald unsere Rechnungen nicht mehr bezahlen können."

„Hast du den Chef darüber informiert?" fragt Michael Amplatz. „Nein", antwortet Emilie Punktgenau, „ich wollte es vorher dir sagen. Ich bin nämlich der Meinung, dass zuerst der Verkauf mit dem Kunden reden muss. Sonst heißt es wieder, dass wir von der Buchhaltung die Kunden vertreiben, die der Verkauf mühsam akquiriert hat." „Ich werde sofort Otto Vielfahrer informieren. Hast du konkrete Zahlen für mich?" „Natürlich", sagt Emilie Punktgenau und legt ihm ein vorbereitetes Schriftstück auf den Schreibtisch. „Und bitte nicht vergessen: Der Schuldenberg der Sandburg-Bau wird mit jedem Tag höher."

Michael Amplatz versucht vergeblich, Otto Vielfahrer zu erreichen. Also hinterlässt er ihm eine Nachricht. Als Otto Vielfahrer am nächsten Tag im Büro von Michael Amplatz erscheint, ist er erbost über Emilie Punktgenau, die seiner Meinung nach maßlos übertreibt und dramatisiert. Er werde aber trotzdem bei nächster Gelegenheit mit dem Kunden darüber reden.

Zwei Tage nach dieser Begebenheit beschwert sich ein langjähriger Stammkunde, dass die Sonderanfertigungen, die bisher innerhalb einer Woche geliefert wurden, neuerdings drei Wochen Lieferzeit benötigen: „Die prompte Lieferung", sagt er, „war immer das Alleinstellungsmerkmal der Firma Weitsicht. Das ist der Grund, warum ich bei euch einkaufe!"

Michael Amplatz erkundigt sich bei Siegfried Order, der für die Auftragserfassung von Sonderanfertigungen verantwortlich ist. „Ja", bestätigt ihm dieser, „das Problem ist uns bekannt. Die Aufträge für Sonderanfertigungen gehen schon seit Längerem zurück. Deswegen überlegt der Chef, ob es nicht vernünftiger wäre, die ganze Abteilung zu schließen oder outzusourcen."

In der Sonderfertigung arbeiten zwei Nachbarn von Michael Amplatz. Er richtet es sich so ein, dass er auf dem Heimweg mit ihnen ins Gespräch kommt. Doch noch bevor er sie ansprechen kann, kommen sie auf ihn zu: „Hast du schon gehört, dass wir demnächst auf der Straße sitzen? Wir sind angeblich zu teuer für die Firma! Der Chef möchte sich uns nicht mehr leisten!"

Als Vater und Sohn Weitsicht am nächsten Sonntag nach der Messe zum Kirchenwirt auf ihr traditionelles Bier gehen, drehen ihnen die Männer in der Gaststube den Rücken zu. Zwei Gäste, die allein an einem Tisch sitzen, stehen auf und setzen sich demonstrativ zu den anderen.

Vater und Sohn Weitsicht nehmen an dem nun freien Tisch Platz und bestellen ihr Bier. Sie versuchen, mit der Wirtin ins Gespräch zu kommen, die aber, weil ihre Kellnerin kurzfristig ausgefallen ist, heute keine Zeit hat. So kommt es, dass die beiden Herren viel früher als sonst zu Hause erscheinen.

Julia Weitsicht, die Tochter von Claudius, deckt gerade den Tisch, als die beiden so ungewöhnlich früh eintreten. Sie ist aber nicht überrascht, weil ihr eine Freundin schon erzählt hat, was die Spatzen neuerdings von den Dächern pfeifen. Nämlich, dass die Firma Weitsicht demnächst Personal abbauen wird und dass diese Nachricht bei den Leuten im Ort gar nicht gut ankommt. „Das hätte es früher nicht gegeben", sagen sie, „dass Mitarbeiter gekündigt werden. Der alte Weitsicht hätte das niemals zugelassen!"

Claudius Weitsicht verteidigt seine Entscheidung mit dem harten Preiskampf in der Branche und mit den hohen Kosten, die die Sonderfertigung verursacht. Der alte Weitsicht steht grundsätzlich auf der Seite seines Sohnes, ist aber sehr deprimiert. Wortlos und mit leeren Augen stochert er in seinem Sonntagsbraten, auf den er sich ursprünglich so gefreut hatte. Das Mittagessen will an diesem Sonntag niemandem so recht schmecken. Es hätte ihnen allen noch viel weniger gemundet, wenn sie gewusst hätten, was sich demnächst im 40 Kilometer entfernten Landesgericht abspielen wird.

Claudius Weitsicht erfährt es von seiner Bank. Florian Liebgeld, der Direktor des Finanzinstituts, greift wegen der Tragweite der Situation persönlich zum Telefon: „Über die Sandburg-Bau, die Ihnen so viel Geld schuldet, wurde gestern der Konkurs eröffnet und die Wirtschaftspolizei hat den Geschäftsführer verhaftet. Das bedeutet für Sie, Herr Weitsicht", hört er den Bankdirektor von ganz weit weg sagen, „dass Ihre offenen Posten gegenüber der Sandburg-Bau so gut wie wertlos sind und wir dringend über Ihre Kreditlinien in unserem Haus reden müssen. Ich schlage vor, dass Sie im Lauf des morgigen Nachmittags zu uns kommen. Ist Ihnen 16:30 Uhr recht?"

Für Claudius Weitsicht bricht die Welt zusammen. Schockiert ruft er Frau Punktgenau zu sich und verlangt eine sofortige Aufstellung aller offenen Forderungen gegen die Sandburg-Bau. Wortlos starrt er auf die Zahlen, die das Ende seines Unternehmens bedeuten können. Als er sie bittet, ihn allein zu lassen, bleibt sie draußen vor der Türe stehen, weil sie Angst um ihren Chef hat. Erst als sie ihn mit dem Anwalt der Firma telefonieren hört, geht sie in ihr Büro zurück.

Am Abend informiert er seine Frau Anna und anschließend seinen Vater. Anna weint, sein Vater tobt: „Wie ignorant muss man sein, um in eine solche Falle zu tappen? Du vernichtest in ein paar Jahren alles, was Generationen vor dir aufgebaut haben. Schämen müssen wir uns. Jawohl, schämen! Weit hast du es gebracht!"

Das Gespräch in der Bank verläuft freundlich, ruhig und sachlich. Zusätzliche Sicherheiten will das Kreditinstitut von ihm haben. Der Direktor erwartet seinen Vorschlag binnen einer Woche.

Auf dem Rückweg fühlt sich Claudius Weitsicht von allen Leuten beobachtet. Es scheint ihm so, als ob jeder mit dem Finger auf ihn zeigen würde.

Von Otto Vielfahrer will er wissen, welche Umsätze und Zahlungseingänge er für das laufende Jahr noch erwartet. Otto Vielfahrer interessiert sich aber nur für die offenen Provisionen, die ihm seiner Meinung nach aus den Abschlüssen mit der Sandburg-Bau noch zustehen. Er und seine Leute haben ja schließlich ordentlich gearbeitet und können nicht für die Inkompetenz der anderen bestraft werden. Der handfeste Streit, der darauf folgt, führt zur Kündigung und sofortigen Dienstfreistellung von Otto Vielfahrer.

Emilie Punktgenau überhäuft unterdessen Michael Amplatz mit Vorwürfen, weil er ihre Warnungen in den Wind geschlagen hat: „Das kann sich der Verkauf auf die Fahnen heften. Das habt ihr uns eingebrockt. Ein schönes Christkind beschert ihr uns da. Mich wundert´s, dass ihr euch überhaupt noch in die Firma traut. Wenn wir Pech haben, können wir nicht einmal die Dezember-Löhne und -Gehälter bezahlen!"

Wie begründet ihre Sorgen sind, muss Claudius Weitsicht bei seinem nächsten Bankbesuch erkennen. „Wir helfen Ihnen, wo wir können", sagt Direktor Liebgeld, „aber Sie müssen verstehen, dass uns die Hände gebunden sind. Frisches Geld gibt es vorläufig nicht. Außerdem brauchen wir eine Prognose, wie sich Ihr Unternehmen wirtschaftlich in den nächsten Jahren entwickeln wird und ob es überhaupt fortbestehen kann."

Claudius Weitsicht beklagt sich über die fehlende Unterstützung seiner Bank: „Als es mir gut gegangen ist und ich die neue Halle gebaut habe, haben Sie mir wegen des Kredites die Tür eingerannt. Jetzt, wo es mir schlecht geht, lassen Sie mich mit meinem Problem allein. Statt mir zu helfen, drohen Sie mir mit Fälligstellung, Exekution und Zwangsversteigerung."

Den restlichen Tag verbringt Claudius Weitsicht allein in seinem Büro. Er will niemand sehen und mit niemandem reden. Er verwünscht den Tag, an dem er die Firma übernommen hat, er verteufelt die vielen Menschen, die an ihm und seiner Firma prächtig verdient haben und ihn nun im Stich lassen. Vor allem aber verflucht er die Bank, die ihm den Geldhahn zudreht. Empört macht er seinem Ärger Luft: „Heuchler! Dass ich nicht lache! Das klappt nur, solange du sie nicht brauchst. Sobald das Geld knapp wird und du auf sie angewiesen bist, lehren sie dich das Fürchten."

Enttäuscht beschließt er, die Bank zu wechseln. Er denkt gerade darüber nach, welcher Kandidat in Frage käme und wer ihm bei seinem Vorhaben behilflich sein könnte, als sein Blick auf den Kalender vor ihm fällt: „Auch das noch!", erschrickt er, „in drei Wochen ist das Weihnachtsgeld fällig. Doppelte Löhne und Gehälter! Woher soll ich das Geld nehmen? Nicht auszudenken, was im Dorf los ist, wenn sich herumspricht, dass die Firma Weitsicht nicht einmal mehr ihre Mitarbeiter pünktlich bezahlen kann!" Die Vorstellung allein schnürt ihm fast die Kehle zu: „Der Florian Liebgeld muss mir helfen. Es gibt einfach keinen anderen Weg!"

„Bankdirektor Liebgeld ist heute nicht mehr im Büro und tritt morgen seinen Urlaub an", erfährt er bei einem Anruf bei der Bank. Ob ihm sonst jemand helfen könne, fragt ihn die freundliche Stimme am Telefon, „Ich kann Sie mit Herrn Vorsicht von der Risikoprüfung verbinden."

Axel Vorsicht ist ein erfahrener Mann, der trotz der Strenge, die seine Aufgabe erfordert, sich gerne in die Lage des Kunden versetzt, um eine für alle Beteiligten gute Lösung zu finden.

„Herr Weitsicht", sagt er langsam und jedes Wort betonend, „ich nehme Ihre Sorgen ernst und helfe gerne, wo ich kann, aber in Ihrem Fall bin ich mit meinem Latein am Ende. Das Einzige, was ich Ihnen anbieten kann, ist, Sie mit einem Herrn bekanntzumachen, der sich ausschließlich mit Problemen wie dem Ihren beschäftigt. ‚Wiederherstellen der finanziellen Beweglichkeit´ nennt er sein Programm."

Ungehalten kontert Claudius Weitsicht: „Mein lieber Herr Vorsicht, was ich brauche, ist das Geld für die Bezahlung meiner Leute. Was ich nicht brauche, sind schlaue Ratschläge von einem neunmalklugen Besserwisser!"

Axel Vorsicht setzt freundlich fort: „Ich spreche nicht von einem neunmalklugen Besserwisser, sondern von einem, der in einem früheren Jahrhundert die Funktion des Hofnarren erfüllt hätte. Der als Einziger den König ungestraft kritisieren durfte und den der König zu Rate zog, wenn er eine schwierige Situation zu meistern hatte."

„Und dieser Hofnarr verhilft meinen Leuten zu ihrem wohlverdienten Weihnachtsgeld?"

„Das kann ich Ihnen nicht versprechen", antwortet Axel Vorsicht, „aber ich kann Ihnen versichern, dass Sie mit seiner Hilfe eine Lösung finden werden."

„In meiner Situation ist mir alles recht", sagt Claudius Weitsicht und erklärt sich damit einverstanden. dass Axel Vorsicht den Kontakt zwischen ihm und Felix Spiegelbild herstellen wird.

Noch am selben Tag meldet sich der vermeintliche Hofnarr telefonisch bei Claudius Weitsicht. Zu seiner großen Überraschung verläuft das Gespräch von Beginn an derart vertraulich und verständnisvoll, wie es sonst nur unter Freunden, die sich schon lange kennen, üblich ist.

Claudius Weitsicht erzählt von seiner ausweglosen Situation und von der Schande, die über ihn und seine Familie hereinbrechen wird, wenn er seinen Leuten das Weihnachtsgeld nicht pünktlich bezahlt oder gar schuldig bleiben muss. Sie vereinbaren, dass Felix Spiegelbild so bald als möglich der Firma einen Besuch abstattet, um sich selbst ein Bild zu machen.

Claudius Weitsicht atmet tief durch, lehnt sich zurück und schließt für ein paar Sekunden die Augen.

„Herr Weitsicht", unterbricht Emilie Punktgenau unerwartet und aufgeregt diesen Moment der Stille, „ich habe eine gute und eine schlechte Nachricht für Sie. Beginnen wir mit der guten. Die pünktliche Überweisung der Dezember-Löhne und -Gehälter ist sichergestellt. Die schlechte: Bei der Weihnachtsremuneration können wir höchstens die Hälfte überweisen. Die Auszahlung der anderen Hälfte müssen wir auf den Februar verschieben."

Claudius Weitsicht ist fassungslos. Einer seiner schlimmsten Albträume ist nun Wirklichkeit geworden. Die Zahlungsprobleme seiner Firma kommen unweigerlich an die Öffentlichkeit und er und seine Familie werden zum Gespött der Leute.

An diesem Sonntag verzichten die Herren Weitsicht auf ihr Bier beim Kirchenwirt. Weitsicht Junior verweigert sogar den Messebesuch.

Beschämt, niedergeschlagen und allein sitzt der alte Weitsicht auf seinem Platz in der Kirche. Nach der Messe geht er nicht durch das rechtsseitige Tor auf den Dorfplatz, sondern durch das gegenüberliegende Tor auf den Friedhof, wo er am Familiengrab eine mitgebrachte Kerze anzündet.

Pünktlich wie die Uhr steht Montag frühmorgens Felix Spiegelbild vor dem Firmentor. Claudius Weitsicht führt ihn durch sein Unternehmen. Felix Spiegelbild interessiert sich für jede Kleinigkeit und stellt viele Fragen.

Nach dem Rundgang ziehen sich die beiden in das Chefbüro zurück. Es wird für immer ein Geheimnis bleiben, was die zwei Herren in den nächsten Stunden so intensiv besprechen. Wir wissen nur, dass Claudius Weitsicht sich den Verlauf ganz anders vorgestellt hatte und dass er mehrfach knapp davor steht, den frechen Spiegelbild hochkant hinauszuwerfen.

„Dieser Kerl", denkt er bei sich, „spielt den Hofnarren ohne Rücksicht auf Verluste. Er kennt keine Hemmungen, schaut überall hinein und dahinter, macht vor nichts und niemandem Halt und deckt mit Vorliebe Unzulänglichkeiten auf."

„Wissen Sie, warum Ihr Unternehmen früher so erfolgreich war?", reißt ihn Felix Spiegelbild aus seinen Gedanken. „Es war besser als die Konkurrenz. Und warum bleibt heute der Erfolg aus? Weil etwas fehlt, was die Kunden seit jeher als selbstverständlich von Ihnen erwarten. Das wiederzufinden ist jetzt unsere Aufgabe."

„Ich kümmere mich um die Grundlagen", sagt Felix Spiegelbild, „und Sie avisieren mich bitte bei Ihren internen Abteilungen und bei Ihrem Steuerberater, sodass alle offen mit mir reden können. Sowie ich beisammen habe, was wir brauchen, melde ich mich bei Ihnen. Dann machen wir Nägel mit Köpfen!"

Felix Spiegelbild beginnt sofort mit seiner Arbeit. Innerhalb eines Tages sammelt er alle Informationen, die er zur Erstellung eines Businessplanes braucht.

Am Abend des nächsten Tages präsentiert er Claudius Weitsicht die erste Rohfassung. Dieser hat sichtlich einen anstrengenden Tag hinter sich. Die Ungewissheit über das weitere Schicksal des Unternehmens zehrt zusätzlich an seinen Nerven. „Ich bin heute schon sehr müde", sagt er zu Felix Spiegelbild, „fassen Sie sich bitte kurz."

Als er aber die Zahlen sieht, die ihm Felix Spiegelbild präsentiert, ist er plötzlich hellwach. „Moment", unterbricht er die Präsentation, „was ist denn das? Wie kommen Sie auf diese Zahlen? Wenn wir in zehn Jahren so gut da stehen, dann frage ich mich, wieso es uns heute so schlecht geht!"

Felix Spiegelbild erklärt seine Methode und demonstriert anhand konkreter Beispiele, wie sich Umsätze, Deckungsbeiträge, Personal- und Kapitalkosten in denächsten zehn Jahren entwickeln werden.

Claudius Weitsicht, der vor wenigen Minuten noch ermattet im Sessel zusammengesunken mit einer bleiernen Müdigkeit gekämpft hatte, ist plötzlich höchst konzentriert. Er plant, rechnet, verwirft, plant aufs Neue, korrigiert, kürzt, ergänzt, kurzum: Er sprüht vor Energie. Aus einer Stunde werden zwei, aus zwei werden vier …

Erschöpft, aber zufrieden beenden sie weit nach Mitternacht ihre Arbeit. Während es draußen leise zu schneien beginnt, lehnen sich die beiden entspannt zurück. Claudius Weitsicht öffnet zur Feier des Tages eine Flasche Wein, die er für besondere Anlässe eingekühlt hat.

Der Schneefall hält bis in die Morgenstunden an. Dann klart der Himmel auf und zeigt sich in seinem schönsten Blau. Weiß glänzt der Schnee in der aufgehenden Sonne und Claudius Weitsicht hat, als er sein Büro betritt, das Gefühl, dass heute nicht nur das Wetter, sondern die ganze Firma strahlt. „Das ist die Kraft der Vision", sagt Felix Spiegelbild, „die Vision, die wir beide heute Nacht erarbeitet, formuliert und in Zahlen gegossen haben. Sie beflügelt, gibt Sinn und Orientierung. Jetzt ist mir um Ihre Firma nicht mehr bange."

„Das ändert aber nichts an der Tatsache", antwortet Claudius Weitsicht, „dass ich das Weihnachtsgeld nicht bezahlen kann und schuld daran bin, wenn die Kinder am Heiligen Abend keine Geschenke unter dem Christbaum finden. Allein bei diesem Gedanken möchte ich am liebsten im Boden versinken." Er schaut hinaus auf den prachtvoll glitzernden Schnee und sagt: „Ich weiß nicht, wie ich das meinen Mitarbeitern erklären soll."

„Auch dazu habe ich eine Idee", sagt Felix Spiegelbild. Er erläutert ihm seinen Plan und sie diskutieren über dessen Vor- und Nachteile. Claudius Weitsicht ist anfänglich sehr skeptisch, weil er Angst davor hat, schutzlos vor seine Belegschaft zu treten, willigt aber ein, weil er keine andere geschweige denn bessere Möglichkeit sieht.

„Was ich morgen vorhabe", sagt er nach dem Abendessen zu Anna und zu seinen Kindern „wird entweder ein voller Erfolg oder ein totales Desaster. Ich werde unseren Mitarbeiterinnen und Mitarbeitern reinen Wein einschenken. Ich teile ihnen mit, wie es um unsere Firma steht. Ich werde ihnen sagen, dass es heuer keine Weihnachtsfeier gibt. Ich eröffne ihnen, dass sie die Hälfte ihres Weihnachtsgeldes erst im Februar bekommen, wenn der große Auftrag, mit dem wir nächste Woche beginnen, abgerechnet und bezahlt ist. Dann werde ich ihnen von dem Bild erzählen, das ich mit Felix Spiegelbild erarbeitet habe, und davon, wie unsere Firma in zehn Jahren dastehen wird, und ich werde sie fragen, ob sie mir und unserer Firma trotz allem die Treue halten wollen."

„Was wird aus der Sonderfertigung? Hast du deinen Beschäftigten dort schon gesagt, dass du sie kündigen wirst?" will sein Sohn Lukas, der an der technischen Hochschule studiert und nur selten zu Hause ist, wissen.

„Das mit der Sonderfertigung war eine totale Fehlentscheidung", gibt Claudius Weitsicht zu. „Das ist mir leider erst klar geworden, als ich mit Felix Spiegelbild über die Zukunft unserer Firma diskutiert und erkannt habe, was die Kunden an unserem Unternehmen besonders schätzen und was uns von unserer Konkurrenz unterscheidet."

„Was bedeutet das für die Sonderfertigung?" insistiert Lukas.

„Dass sie nicht geschlossen wird", antwortet sein Vater, „im Gegenteil: Wir werden sie forcieren und unseren Know-how-Vorsprung weiter ausbauen."

„Wenn Du das wirklich vorhast", sagt Lukas, „habe ich eine gute Nachricht für dich: Ich habe vor kurzem eine Studie gelesen, in der es um den Brandschutz bei Sonderanfertigungen von Türen und Fenstern geht. Das ist eine außerordentlich interessante Marktnische."

„Warum erzählst du mir das erst jetzt?" fragt ihn sein Vater.

„Weil du eigentlich schon vor langer Zeit entschieden hast, dich von der Sonderfertigung zu trennen", antwortet Lukas.

Am Morgen des nächsten Tages lädt Claudius Weitsicht alle Mitarbeiterinnen und Mitarbeiter zu einer Betriebsversammlung ein, die am Nachmittag, eine halbe Stunde vor Dienstschluss, in der Montagehalle der Sonderfertigung stattfinden wird.

Herr Amplatz kümmert sich um die Bestuhlung, Frau Punktgenau organisiert in aller Eile noch Getränke und Weihnachtskekse, die sie auf den Tisch an der Längsseite des Raumes stellt. Es herrscht eine gespenstische Stimmung, die sich auch nicht ändert, als nach und nach die Beschäftigten eintreffen.

Pünktlich erscheint Claudius Weitsicht. Er steigt auf eine als Podest vorbereitete Verpackungskiste und schaut stumm in die Runde. Es kommt allen wie eine Ewigkeit vor, bis er endlich zu sprechen beginnt: „Es fällt mir schwer, euch zu sagen, was ihr wissen müsst. Es geht um euch, um eure Arbeitsplätze und um eure Familien." Offen und schonungslos berichtet er über die Lage der Firma, über ihre finanziellen Probleme und deren Ursachen. Er nennt Ziffern und Zahlen, weil es ihm wichtig ist, dass alle die Dimension des Problems erfassen können. „Deswegen wird es heuer keine Weihnachtsfeier geben. Und leider auch nur die Hälfte des Weihnachtsgeldes." Er verspricht, dass die zweite Hälfte sofort bezahlt wird, wenn der große Auftrag, mit dessen Fertigung nächste Woche begonnen wird, abgerechnet und das Geld am Firmenkonto eingegangen ist, voraussichtlich also im Februar. „Ich hoffe", sagt er, „dass mir eure Kinder verzeihen, wenn das Christkind heuer weniger Geschenke bringt. Ich setze alles daran, dass uns das nie wieder passiert." Dann erzählt er von der Neuausrichtung der Firma und von der Studie über den Brandschutz bei Sonderanfertigungen. Zuletzt bedankt er sich für die ausgezeichnete Arbeit, die jeder einzelne leistet, für das Engagement und für die unbezahlbare Loyalität, die das Team ihm und der Firma Weitsicht entgegen bringt.

In die betretene Stille nach dem Ende seiner Ansprache hinein sagt ein älterer Mitarbeiter der Sonderfertigung: „Meine Kinder sind aus dem Alter heraus, in dem sie an das Christkind glauben. Mir genügt es, wenn ich das ganze Weihnachtsgeld erst im Februar bekomme. Bitte gebt meinen Teil einer Familie, die das Geld für ihre Kinder braucht." Ein anderer Mitarbeiter schließt sich spontan an, etwas später melden sich noch zwei weitere. Aus der Gruppe, die heftig diskutierend neben dem Tisch mit den Getränken und Keksen steht, löst sich eine junge Mitarbeiterin, steigt auf das Podest, das vorher Claudius Weitsicht benützt hat, und verkündet: „Ich schlage vor, dass wir auch heuer eine Weihnachtsfeier veranstalten. Wir kümmern uns um das Essen und die Firma sorgt für die Getränke." Der Vorschlag wird einstimmig angenommen. Auch Claudius Weitsicht hebt zustimmend die Hand. Sprechen kann er momentan ohnehin nicht, weil er mit den Tränen kämpft.

Bei seinem nächsten Bankbesuch berichtet er Direktor Liebgeld von der Solidarität seiner Mitarbeiter untereinander und ihrer Loyalität ihm gegenüber. „Das ist ja wirklich schön für Sie, ändert aber nichts an der Tatsache, dass wir Ihre Kreditlinien kürzen müssen. Wenn Sie sich Ihre sinkenden Umsätze und die Entwertung großer offener Posten anschauen, werden Sie unseren Standpunkt verstehen."

Außer sich vor Ärger ruft Claudius Weitsicht Felix Spiegelbild an und informiert ihn über das Verhalten der Bank. Der hört ihm aufmerksam zu und gibt dann der Bank Recht: „Direktor Liebgeld sieht nur die anhaltend negative Entwicklung Ihres Unternehmens. Er weiß nicht, wie Sie darauf reagieren und wie sich Ihr Unternehmen in den nächsten Jahren entwickeln wird." „Das weiß doch niemand!" empört sich Claudius Weitsicht.

„Doch", entgegnet Felix Spiegelbild, „mit Hilfe der Vision, die wir beide in unserer Nachtschicht erarbeitet, formuliert und in Zahlen gegossen haben. Da steht alles drinnen, was Direktor Liebgeld wissen muss. Wir sollten sofort zu ihm fahren und ihm zeigen, wie präzise Sie die Neuausrichtung Ihres Unternehmens bereits geplant haben."

„Und ich sage Ihnen", schimpft Claudius Weitsicht, „dass der daran nicht interessiert ist. Der verfolgt ganz andere Interessen, der will uns ruinieren! Aber bitte: Wenn Sie meinen, können Sie ja allein hingehen!"

Das lässt sich Felix Spiegelbild nicht zweimal sagen. Er ruft in der Bank an, wo er aufgrund der Dringlichkeit tatsächlich noch einen Termin für denselben Tag erhält, packt die Unterlagen zusammen, holt, als er sich von Claudius Weitsicht verabschiedet, noch dessen Vollmacht ein, und erscheint pünktlich in der Bank.

Direktor Liebgeld erwartet ihn bereits mit Axel Vorsicht, den er zu diesem Gespräch beigezogen hat, in seinem Büro.

Felix Spiegelbild informiert sie über die aktuelle Situation, über die erst kürzlich erarbeitete Vision, über die Sonderanfertigungen, mit denen sich das Unternehmen von der Konkurrenz abhebt, über die Marktnische in Sachen Brandschutz und der daraus resultierenden Planung samt Zahlenwerk.

Direktor Liebgeld möchte mehr über die Brandschutz-Marktnische wissen und ersucht um entsprechende Unterlagen. Axel Vorsicht verlangt zukünftig einen quartalsweisen Soll-/Ist-Vergleich samt Abweichungsanalyse. Beide Herren sind überzeugt von der Qualität und Vollständigkeit der Unterlagen und versprechen, von der Kürzung der Kreditlinien abzusehen.

Claudius Weitsicht kann es kaum fassen, als er ein paar Tage später von der Bank einen Brief erhält, in dem die Verlängerung der bestehenden Konditionen bestätigt wird. Er ruft sofort Herrn Vorsicht an und bedankt sich für die wohlwollende Unterstützung und ganz besonders für den Tipp mit dem Hofnarren. Danach telefoniert er mit Felix Spiegelbild, beauftragt ihn mit der Erstellung der quartalsweisen Berichterstattung an die Bank und beendet das Gespräch mit den Worten: „Und jetzt schicken Sie mir bitte die Rechnung für das, was Sie bisher für mich und meine Firma getan haben. Es wird mir ein großes Vergnügen sein, sie zu bezahlen."

Am Sonntag, nach der Messe, gehen Vater und Sohn Weitsicht auf ein Bier zum Kirchenwirt.

Da der alte Weitsicht neuerdings lieber die Abendmesse besucht, handelt es sich nun um Vater Claudius und Sohn Lukas. Als sie in der Gaststube auf den unbesetzten Einzeltisch zusteuern, werden sie von der Wirtin gestoppt: „Tut mir leid, meine Herren, der Tisch ist reserviert. Wenn ich das richtig sehe, ist das aber kein Problem." Sie dreht sich um, wendet sich einem der besetzten Tische zu und fragt die dort Sitzenden: „Hat jemand etwas dagegen, wenn ich die Herren Weitsicht zu Ihnen setze?" Dankbar lächeln sie der Wirtin zu und rücken zusammen, damit zwei Plätze frei werden. Gegen Mittag brechen die beiden Weitsichts auf, weil zu Hause die Frauen mit dem Essen auf sie warten und es nicht gerne haben, wenn sie sich verspäten.

Der Graf und die Mäuse

EIN BESONDERER TAG

Als an diesem lauen Morgen im Spätsommer die ersten Sonnenstrahlen langsam über den Kamm des großen Berges krochen, erfüllten sie das Tal mit warmem Dämmerlicht. Wie jeden Tag tauchte zuerst die Turmspitze des prächtigen Schlosses aus der Dämmerung auf. Als würde er langsam aus der Dunkelheit herauswachsen, wanderten die Sonnenstrahlen am Turm hinab und bald erstrahlte das herrliche Schloss in hellem Sonnenlicht. Wie jeden Tag stand Graf Alfred am Fenster seines Schlafgemachs und genoss das zauberhafte Lichtspiel. Der Hügel in der Mitte des Dorfes war wahrlich wohl gewählt für sein herrschaftliches Schloss. Der erste Hahn begrüßte den neuen Tag und langsam erwachte Leben in den Häusern, die den Schlosshügel umgaben. Schornsteine begannen zaghaft zu qualmen, Fenster öffneten sich, Decken wurden ausgeschüttelt und der Geruch von frisch gebackenem Brot verbreitete sich in der Luft. Bald regte es sich auch in den Straßen. Menschen mit Karren, voll beladen mit Obst, Getreide und Gemüse, machten sich auf den Weg zum Marktplatz. Der Bäcker öffnete seinen Laden. Der Schmied ergriff den großen Blasebalg und entfachte ein neues Feuer. Alles ging seinen gewohnten Gang. Vorerst.

Denn plötzlich tönte lautes Geschrei aus dem Westviertel. Vor dem Vorratsspeicher beschimpfte eine Magd wild gestikulierend den Nachtwächter. Schnell bildete sich eine Menschentraube. „Was ist geschehen?", fragten die Leute. Da ergriff die Magd eine Schüssel, schöpfte eine Handvoll Roggen aus einem Getreidesack und zeigte es der staunenden Menge. Welch ein Schreck! Inmitten der Körner lag an mehreren Stellen Mäusekot. „Mäusekot! Mäusekot in unseren Vorräten!", zeterte die Magd. „Sie verseuchen unser Getreide und werden sich schon bald über unsere Würste und das Trockenfleisch hermachen!"

Als Graf Alfred von dem Malheur erfuhr, war er sehr verärgert. Das hatte gerade noch gefehlt! Mäuse! Gerade jetzt, wo am Osthang des Tals ein Kloster für gelehrte Mönche entstehen sollte. Das Kloster würde eine mächtige Bibliothek beherbergen, deren Ruf weit über die Grenzen des Landes reichen und Gelehrte aus aller Herren Länder anlocken sollte. Seit Monaten liefen schon die Vorbereitungen dafür. Arbeiter aus den Nachbardörfern waren herbeigerufen worden und mussten nun auch versorgt werden. Schließlich sollten die fleißigen Helfer ja auch ordentlich zupacken. Man hatte Getreide, Würste, Fleisch, Gemüse und Früchte aus den umliegenden Dörfern herbeigeschafft und im Vorratsspeicher eingelagert. Hungrige Mäuse konnte da niemand brauchen. Also ließ Graf Alfred nach seinem Haushofmeister Wolfgang schicken und befahl ihm: „Kümmert Euch umgehend um das Mäuseproblem!"

Wolfgang verbeugte sich, ließ sich aus der Schatzkammer etwas Gold geben und eilte damit zu Schmied Martin. „Heda!", rief er. „Heraus mit dir! Wir brauchen deine Hilfe." Eilig trat Martin vor seine Hütte. „Unterbrich sogleich deine Arbeit", forderte Wolfgang und hielt ihm die Goldstücke unter die Nase „und sichere unsere Würste und das Trockenfleisch vor den hungrigen Mäusen. Ich gebe dir drei Tage Zeit. Dann muss der Vorratsspeicher wieder sicher sein. Schaffst du das, so erhältst du dieses Gold."

„Wie Ihr befehlt, mein Herr", antwortete der Schmied und rief seine beiden Gesellen zu sich. Alles Eisen, das sie finden können, kramten sie hervor und begannen, es zu flachen Blechen zu hämmern.

Martin ging in der Zwischenzeit zum Vorratsspeicher, betrachtete den steinernen Unterbau und suchte die Lüftungsklappen nach Löchern ab. „Hmmm. Da gibt's ja einiges zu stopfen. Und das in nur drei Tagen?" Er holte einen Krug Wasser vom Bach, scharrte etwas Erde zusammen, befeuchtete sie und stopfte damit die Löcher am Tor und an den Lüftungsklappen. Als er an der verrosteten Eingangstür mit einem Stock in die Ritzen stocherte, knirschte es verdächtig und ein Eck bröselt ab. „Oh je. Die Tür ist hinüber. Die lässt sich nicht mehr flicken. Da brauchen wir eine Neue."

In den nächsten Tagen tönte das Schlagen der Hämmer von morgens bis abends durch das Dorf. Am Ende des dritten Tages erschien der Haushofmeister wieder am Vorratsspeicher, um das Ergebnis zu inspizieren. Und auch einige neugierige Dorfbewohner hatten sich eingefunden.

Stolz präsentierte Martin die neue Türe im Vorratsspeicher. Wie sie funkelte und glänzte ... einfach großartig. Martin öffnete die Tür und schloss sie wieder. Vorbei waren die Zeiten des Gequietsches rostiger Türangeln. Die neue Tür öffnete sich leise und schwang fast wie von selbst hin und her. Wolfgang überreichte Martin das versprochene Gold und berichtete dem Grafen von den erfreulichen Neuigkeiten. Zufrieden lobte ihn dieser für die rasche Lösung.

Doch als am nächsten Morgen die ersten Sonnenstrahlen in das Tal blitzten, wurden die Dorfbewohner erneut von dem lauten Gezetere der Magd aus dem Schlaf gerissen. Die Mäuse waren von der neuen Türe nicht beeindruckt. In der Nacht waren sie wieder in den Speicher eingefallen, hatten an den Vorräten genascht und ihren ekelhaften Kot hinterlassen. Und wieder versammelten sich neugierige Dorfbewohner am

Speicher. Martin war unter den Ersten, die eintrafen. „Was ist passiert?", rief er erschrocken. „Die Mäuse haben sich durch die Spalte zwischen deiner Tür und der Mauer gequetscht.", klagte die Magd. Und die alten Löcher an den Lüftungsklappen waren wieder offen. Auch wenn deine Tür noch so in der Sonne glänzt ... unser Vorratsspeicher ist jetzt genau so schlecht wie zuvor!"

Da tauchte auch Wolfgang auf und erkannte die missliche Lage. „Elender!", fuhr er Martin an „Was hast du getan?" „Naja. Eigentlich müssten alle Ritzen unseres Vorratsspeichers ordentlich abgedichtet werden.", erwiderte Martin „Aber in drei Tagen ist das schlicht nicht möglich. So habe ich nur das Nötigste getan. Aber die neue Türe ist doch schön, nicht wahr?" „Was nützt uns eine neue Tür," herrschte Wolfgang ihn an, „wenn die Mäuse erst wieder an unsere Vorräte gelangen? Wie viel Zeit brauchst du denn für den ganzen Speicher?" „Naja ... da brauche ich ... sagen wir mal ... ungefähr ... einen Monat.", antwortet Martin. „Einen Monat!", rief Wolfgang entsetzt. „Das ist viel zu lange. Was glaubst du denn, wer unsere Vorräte noch essen will, wenn Mäuse darin einen Monat lang gewütet haben?" „Wir arbeiten so schnell, wie möglich.", rechtfertigte sich Martin „Aber der Vorratsspeicher ist stattlich ... und seht Ihr, wie viele Lüftungsklappen er hat? Das ist eine große Aufgabe. Dafür brauchen wir viel Eisen und das kostet Gold. Gebt Ihr mir das?" „Ich werde das mit dem Grafen besprechen.", knurrte Wolfgang und machte sich auf den Weg ins Schloss.

Erschüttert lauschte der Graf Wolfgangs Worten. „Einen ganzen Monat lang müssen wir uns noch plündern lassen?", schüttelte er traurig den Kopf. „Geht das nicht schneller?" „Dazu müsste unser Schmied zaubern können." antwortet Wolfgang bedrückt. Und obwohl der Graf es nicht aussprach, merkte Wolfgang wohl, wie enttäuscht er von ihm war.

UNERWARTETE HILFE

Mitten im Wald stand eine alte, moosbewachsene Hütte. Die Äste der Bäume hingen tief über das mit Schilf bedeckte Dach, so dass das Häuschen kaum zu entdecken war. Eine knorrige Tür versperrte den Eingang und auch die verschlossenen Fensterläden verwehrten jeden Blick ins Innere. Seltsame Pflanzen und Wurzeln hingen vom Dach und verströmten einen fremdartigen Geruch. In dem kleinen Gärtchen neben dem Haus fanden sich allerlei Kräuter und seltsame Gewächse. Hier wohnte der Druide Andron.

Oft war er tagelang im Wald unterwegs, sammelte Pilze und Pflanzen und beobachtete Tiere bei ihrem Treiben. In seiner braunen Robe konnte er stundenlang im Wald sitzen. Jedes Tier – ob groß oder klein – kann etwas Besonderes und wenn man es genau beobachtet, verrät es sein Geheimnis. Da huschten Eichhörnchen durchs Geäst, die bereits im Herbst Nüsse für den kargen Winter vergruben. Andron erspähte auch Bären, die sich vor dem Winterschlaf eine dicke Speckschicht anfraßen und Wölfe, die sich bei der Jagd so geschickt abstimmten, dass sie selbst stattliche Hirsche rissen.

Nur selten ließ er sich im Dorf blicken, um seine Sichel zu reparieren oder Waren am Markt zu erstehen. Doch wie es der Zufall so wollte, war gerade einer dieser Tage und so stand auch der Druide am Morgen inmitten der neugierigen Dorfbewohner. Beim enttäuschten Blick des Grafen erinnerte sich Wolfgang plötzlich wieder an die braune Robe in der Menge.

„Es gibt da vielleicht noch eine Chance.", setzte er an. „Tief im Wald lebt ein Druide, der hie und da in unser Dorf kommt. Es

heißt, dass seine Tränke gar wunderliche Wirkung haben. Den könnten wir um Hilfe bitten." „Dann holt ihn sofort her!" rief der Graf ungeduldig.

Schon bald stand Andron vor dem Grafen. „Euer Schmied ist wahrlich ein tüchtiger Mann", eröffnete Andron sein Gespräch „und hat fleißige Gesellen. Doch die Sicherung des gesamten Vorratsspeichers verlangt so viel Kraft, Ausdauer und Zeit, dass selbst er sehr lange dafür brauchen wird."

Der Graf teilte diese Sorge. Andron zog ein kleines blaues Fläschchen aus seiner Tasche und hielt es dem Grafen hin: „Der Trank in diesem Fläschchen bringt die Lösung. Er verleiht Eurem Schmied und seinen Gesellen ungeahnte Kräfte. Ihre Arme werden stärker und ausdauernder, ihre Arbeit geht zügiger voran und Euer Vorratsspeicher ist schneller sicher!" Der Graf nahm das Fläschchen entgegen, öffnete es und roch an seinem Inhalt. „Wenn Ihr wollt, lasse ich es Euch da", sagte Andron, „es reicht für ein paar Tage." „Könnt Ihr mehr davon brauen?", fragte der Graf. „Ja, das kann ich", antwortete der Druide. „Gut, dann bringt Euren Trank sogleich zum Schmied und braut mehr davon. Nehmt diese Goldstücke dafür."

Als Andron den Audienzsaal verließ, nickte Graf Alfred dem Haushofmeister anerkennend zu. „Mit dieser tatkräftigen Unterstützung werdet Ihr den Vorratsspeicher nun rasch sichern können. Sorgt dafür, dass das nun schnellstmöglich passiert." „Ihr könnt Euch auf mich verlassen", antwortete Wolfgang und dachte bei sich: „Welch ein Glück! Der Druide soll mir ruhig bei meiner Aufgabe helfen. Und wenn das Mäuseproblem gelöst ist, ernte ich die Lorbeeren. Das wird fein."

Andron überbrachte dem Schmied sein Fläschchen und wies ihn an, jeden Tag einen Schluck daraus zu trinken.

Dann machte er sich auf den Heimweg. Unterwegs sammelte er gleich ein paar sattgrüne Farne und samtweiches Moos. Bei der Hütte angekommen, füllte er den Kessel mit klarem Quellwasser und setzte ihn aufs Feuer.

Er holte ein paar seltene Kräuter aus seinem Gärtchen, zerrieb getrocknete Wurzeln zu Pulver und warf alles gemeinsam in den Kessel. Dann nahm er den großen, hölzernen Kochlöffel von der Wand und rührte die Brühe kräftig um. Dabei wiegte er sich im Takt des Löffels und murmelte mit geschlossenen Augen unverständliche Reime in seinen Bart.

Langsam begann der Trank zu köcheln und bald brodelte er richtig schön vor sich hin. Andron verschwand in seiner Hütte, öffnete seine alte Holztruhe und kramte suchend darin herum. Endlich hatte er sie gefunden – die geheime Zutat. Auch sie warf er in den Kessel. Anschließend wurde die ganze Nacht gekocht, gerührt und gemurmelt.

DIE WIRKUNG DES TRANKS

Als Schmied Martin das blaue Fläschchen in Händen hielt, freute er sich und tat wie ihm geheißen. Und tatsächlich ging die Arbeit nun viel leichter von der Hand. Bald stapelte sich Blech um Blech neben der Schmiede.

Am Abend kam Graf Alfred mit Wolfgang vorbei, um den Fortschritt zu inspizieren. Beim Anblick der vielen Bleche war er entzückt und lobte den fleißigen Handwerksburschen. Der aber meint nur bescheiden: „Eigentlich gebührt Euer Dank dem Druiden. Nur wegen seines Tranks schaffen wir dieses Tempo." Graf Alfred nickte Wolfgang wohlwollend zu und sinnierte: „Gut, dass wir Andron haben. Er ist ein wahrer Segen für das ganze Dorf."

Da ärgerte sich Wolfgang darüber, dass der Graf den Schmied und den Druiden so deutlich gelobt – ihm aber nur ein flüchtiges Nicken geschenkt hatte. Und plötzlich bekam er Zweifel, ob sein Plan auch aufgehen würde. Was, wenn er nach hinten losgeht? Kündigte sich da etwa ein Nebenbuhler an? Am Ende würde Andron auch noch die Lorbeeren für die Lösung des Mäuseproblems ernten und er würde als Versager dastehen. Das ging ja wohl gar nicht!

So wartete Wolfgang, bis die Nacht hereinbrach und das Dorf zur Ruhe gekommen war. Dann warf er einen dunklen Mantel über und schlich heimlich durch die leeren Gassen zur Schmiede. Wohl achtete er darauf, dass keiner ihn dabei sah. Leise öffnete er die Tür zum Haus des Schmiedes, durchstöberte die Kammer und fand das blaue Fläschchen des Druiden auf einer Kommode.

Flink leerte er den Trank in die Gosse und ersetzte ihn durch Wasser. „He, he, he", lachte er dabei hämisch. „Jetzt werden wir ja sehen, welches Tempo Ihr morgen an den Tag legt, werter Herr Schmied." Leise stellte er das blaue Fläschchen zurück an seinen Platz und schlich wieder aus dem Haus.

Am nächsten Morgen traf eine frische Ladung Eisen ein. Der Schmied begann bereits mit der Anpassung des Türrahmens an die Unebenheit der Mauer, während seine beiden Gesellen weiterhin Platte um Platte für die vielen Lüftungsklappen flach hämmerten. Doch was war das? Als der Haushofmeister abends den Fortschritt begutachtete, fand er nur ein wahrlich mickriges Ergebnis vor. Der Blechstapel war deutlich kleiner als gestern!

Ohne Umschweife meldete er dem Grafen: „Androns Trank ist ein Schwindel! Die Arbeiter waren nur nach dem ersten Schluck so schnell. Nun werden sie langsamer und langsamer. Wenn das so weiter geht, schaffen sie bald nur noch ein Blech pro

Tag. Ist aber auch kein Wunder. Natürlich steht der Druide im Bunde mit den Mäusen und sabotiert uns. Und wir sind darauf hereingefallen! Jetzt huschen die Mäuse ungeniert durch die Löcher in unserem Vorratsspeicher ein und aus, verseuchen unser Getreide und laben sich an unseren Würsten, Früchten und dem Trockenfleisch. Es ist eine Katastrophe!"

Graf Alfred war bestürzt ob dieser schlechten Kunde. Davon musste er sich selbst überzeugen! Sofort ließ er seine Kutsche vorfahren und sich zur Schmiede bringen. Und tatsächlich: Der Blechstapel neben der Schmiede war mickrig!

Da hämmerte der Graf heftig an die Tür des Schmiedes und rief: „Heraus mit dir!" Erschrocken stürzte Martin aus dem Haus. „Ich befehle dir, Androns Trank wegzuleeren. Kümmere dich lieber darum, endlich den Vorratsspeicher abzudichten!" Der Graf brüllte, dass die Wände wackelten. „Jawohl mein Herr", stammelte der Schmied verwirrt. Aber so aufgebracht, wie der Graf gerade war, wagte er nicht, nachzufragen oder gar zu widersprechen.

Und so setzten der Schmied und seine Gesellen ihre Arbeit ohne Druiden-Trank fort. Die Bleche wogen schwer und mussten für die Lüftungsklappen kunstvoll aneinander genietet werden. Das war mächtig anstrengend, erforderte lange Pausen und ging daher nur schleppend voran. Jeden Tag berichtete Wolfgang dem Grafen von den Fortschritten im Schneckentempo. „Der Schaden, den der Zaubertrank des Druiden angerichtet hat, wird immer schlimmer, Herr Graf", vermeldete er. „Täglich fressen die Mäuse begieriger. Die ersten Wurstvorräte sind schon zur Gänze verschwunden. Nur das leere Netz hängt noch da. Es ist der reinste Hohn!"

ZWEIFEL

Als Andron nach einer Woche wieder ins Dorf kam, um den Schmied mit frischem Trank zu versorgen, schlug ihm dieser die Tür vor der Nase zu. Verdutzt klopfte der Druide erneut an das Holztor. „Was soll denn das? Ich habe Euch extra einen Trank gebraut, um Euch zu helfen. Warum behandelt Ihr mich so schäbig?" „Fragt den Grafen", tönte es aus der Hütte, „er wird Euch alles erklären."

Nachdenklich begab sich Andron zum Schloss. Kaum betrat er den Audienzsaal, ließ Graf Alfred ihn sofort festnehmen. Zwei Wachen stürzten sich auf den Druiden und packten ihn links und rechts fest an den Armen, während der Graf ihn anherrschte: „Gib mir sofort mein Gold zurück und dann ab in den Kerker mit dir!" „Haltet ein!", rief Andron und hob seine Hand. „Was werft Ihr mir denn überhaupt vor?"

„Ihr steht mit den Mäusen im Bund und habt uns mit eurem üblen Trank geschadet", rief Wolfgang. „Das werdet Ihr büßen!"

Verblüfft schüttelte der Druide sein Haupt. „Nichts davon ist wahr! Ich werde es Euch beweisen." Er zog ein weiteres blaues Fläschchen unter seiner Robe hervor und nahm einen kräftigen Schluck daraus. Gerade noch hatten ihn die Wachen fest im Griff, schon landeten sie in hohem Bogen in einer Ecke. Da staunte der Graf nicht schlecht.

Andron blickte ihm fest in die Augen: „Wer verbreitet solch böswillige Lügen über mich?" „Ich habe es mit eigenen Augen gesehen", antwortete der Graf. „Der Schmied war nur am ersten Tag stark und ausdauernd. Bereits am zweiten ging die Arbeit wieder schleppend voran! Mein Haushofmeister verfolgte den Fortschritt täglich. Doch wegen Eures üblen Trankes wird der Schmied von Tag zu Tag langsamer statt schneller."

„Das kann ich mir nicht erklären", antwortete Andron verwundert. „Mein Trank hat noch nie seine Wirkung verfehlt. Vielleicht ist diesmal beim Brauen etwas schief gegangen. Bringt dem Schmied dieses neue Elixier. Seine Wirkung habt Ihr nun ja mit eigenen Augen gesehen."

Der Graf blickte auf seine beiden Wachen, die sich gerade röchelnd in den Ecken aufrappelten. Das sah in der Tat recht überzeugend aus. Und so beauftragte er Wolfgang damit, den neuen Trank gleich zum Schmied zu bringen. Lächelnd verbeugte sich dieser, nahm den Trank an sich und begab sich auf den Weg.

Unterwegs leerte er das Fläschchen erneut heimlich in den Bach und füllte es stattdessen mit Wasser auf. Dann aber überkamen ihn Zweifel. „Hm. Wenn der Schmied nun aber so langsam ist, dass die Mäuse sich weiter ungehindert an unseren Würsten vergreifen, ist es auch traurig um meine Tafel bestellt." Kurzerhand beschloss er, das Problem nun selbst in die Hand zu nehmen. Er machte einen Abstecher zum Alchemisten und besorgte sich ein Beutelchen Gift. Damit marschierte er zum Vorratsspeicher, schnitt eine halbe Wurst herunter, legte sie auf den Boden und streute ein paar Körnchen des Gifts darauf. „So meine lieben Freunde, Das wird euer letztes Mahl.", frohlockte er.

Kurz darauf traf er beim Schmied ein. „Ein neuer Trank des Druiden", verkündete er. „Des Grafen Wunsch ist es, dass Ihr ihn von nun an wieder täglich trinkt. Und er will wieder deutlich größere Fortschritte sehen."

So kam es, dass Martin und seine Gesellen wieder täglich vor Arbeitsbeginn einen Schluck … pures Wasser tranken. Damit gingen sie zwar hochmotiviert ans Werk, aber ob der schweren Eisenplatten ermüdeten ihre Glieder rasch. Und das Ergebnis vieler Stunden blieb erneut weit hinter den Erwartungen zurück.

DER „FAULE" SCHMIED

Zwei Wochen nach dem Gezeter der Magd erfüllte wieder ein seltsames Gejammer die Luft. Diesmal war es Bernhard, der Architekt des Klosters, der seiner Verzweiflung lautstark Ausdruck verlieh. Wimmernd lag der Mann im Staub der Straße, sein ganzer Körper zuckte in schweren Krämpfen und mit schmerzverzerrtem Gesicht hielt er sich den Bauch.

Schnell bildete sich eine Menschentraube um den armen Tropf. Alle rätselten, was da wohl geschehen sein mag. Einer rief: „Er ist vom Teufel besessen!" „Ein Stein der Mauer ist ihm auf den Kopf gefallen", mutmaßte ein anderer. Endlich rief ein Dritter: „Holt den Medicus!"

Eine gefühlte Ewigkeit später tauchte der Medicus auf. Er zog die Zunge des Kranken heraus und betrachtete sie durch eine Lupe. Er tastete den geschwollenen Bauch ab, fühlte den Puls und maß die Temperatur. Nach eingehender Untersuchung stand seine Diagnose fest: „Der Mann wurde vergiftet."

„Los sagt mir", fragte er den wimmernden Architekten, „was habt Ihr heute zu Euch genommen?"

„Ein Stück Brot," antwortete Bernhard mit zittriger Stimme, „eine halbe Wurst und eine Schale Wasser aus dem Bach."

„Hm. Das Wasser aus dem Bach kann es nicht sein. Das haben heute viele andere auch schon getrunken. Bleiben Brot und Wurst als mögliche Übeltäter. Wo hattet Ihr das Essen denn her?"

„Das Brot wurde am Morgen an die Arbeiter des Klosters verteilt", keuchte der Architekt, „und der Graf hat mir erlaubt, jeden Tag ein Stück Wurst aus dem Vorratsspeicher zu holen. „Dann lasst uns sofort Brot und Wurst inspizieren, bevor noch mehr Unheil geschieht."

Entschlossen schritt der Medicus in Richtung Osttor. Dort befand sich das Lager der Wanderarbeiter. In einem riesigen, weißen Zelt gab es Tische und Holzbänke, ein Feuer in der Mitte und Essen für alle. Tatsächlich fand der Medicus auch einen großen Korb mit frischen Brotstücken. Mit einem Ruck leerte er dessen Inhalt auf den Tisch und untersuchte diesen Stück für Stück. „Das Brot sieht gut aus. Und es klagt auch keiner der Arbeiter über Beschwerden. Bleibt nur noch die Wurst."

Also bewegte sich der ganze Tross zurück ins Dorf. Als die aufgeregte Menschenmege aufmarschierte, kroch der Schmied gerade auf allen vieren am Vorratsspeicher herum und montierte eine neue Zarge. „Öffnet das Tor!", forderte der Medicus. Martin tat, wie ihm geheißen. Der Medicus betrat vorsichtig den steinernen Grundbau und startete seine Inspektion. Die neugierigen Dorfbewohner drängten von hinten nach. Sie verdunkelten durch ihre Anwesenheit den Innenraum. Mehrmals musste er sie ermahnen, zurückzutreten, um genügend Licht für seine Untersuchung zu haben.

Dann plötzlich Schreckensrufe aus dem Kornspeicher. „Tote Mäuse! Hier liegen tote Mäuse mitten in unseren Vorräten!

„Unser Essen ist verseucht!" Rasch überschlugen sich wütende Stimmen: „Der faule Martin war zu langsam!" „Wir werden hungern müssen!" „Das soll er uns büßen!" „Hängt ihn auf!"

Wütend strömten die Menschen aus dem Vorratsspeicher, um den Schmied zu ergreifen. Doch da sah man ihn gerade noch um eine Hausecke sausen. Und weg war er. Die grölende Menge setzte ihm wutentbrannt nach. Doch Martin nahm seine Beine in die Hand und lief so schnell er konnte aus dem Dorf hinaus. Er lief und lief. Längst litt er unter Seitenstechen. „Wenn du jetzt stehen bleibst, ist es vorbei mit dir", dachte er und ignorierte den Schmerz, so gut es ging. Ohne sich umzudrehen, rannte er um sein Leben, bis das Dorf nicht mehr zu sehen und das Geschrei nicht mehr zu hören war.

DAS EXPERIMENT

„Eine Tragödie, Herr Graf", meldete Wolfgang umgehend. „Wegen Androns Trank war Martin so langsam, dass nun all unsere Vorräte verseucht sind. Doch damit nicht genu. Ob der großen Schande ist der Kerl jetzt auch noch auf und davon. Wer soll nun unsere Kessel flicken? Wer unsere Pferde beschlagen? Wer macht die Nägel, Zargen und Schlösser für Euer neues Kloster? Der Schaden ist immens. Euer Architekt hat bereits verseuchte Wurst gegessen und liegt nun krank darnieder statt den Bau eures Klosters weiter voranzutreiben. Nun ist keiner mehr da, der die Arbeit einteilt. Die Helfer lungern nur noch tatenlos herum und beginnen bereits zu murren. Dass sie nur noch die halbe Essensration bekommen, gefällt ihnen gar nicht. Das wird Ärger geben! Dieser Druide hat uns übel zugesetzt. Scheinbar will er unser Dorf vernichten. Andron will uns wohl mit seiner List aus dem Tal vertreiben."

„Was?!", brüllte Graf Alfred entsetzt. „Das darf doch nicht wahr sein. Man schaffe mir diesen Druiden auf der Stelle herbei!"

Und so sattelten fünf bewaffnete Schlosswachen ihre Pferde und machten sich auf, um Andron zu suchen. Weit hinter den Hügeln sah man eine schmale Rauchwolke über den Bäumen aufsteigen. Das musste er sein!

Die Reiter folgten einem schmalen Pfad, der in dieser Richtung tief in den Wald hinein führte. Er wurde enger und enger. Bald mussten sie absteigen und ihre Pferde am Halfter führen. Nach etlichen Stunden erreichten sie die Hütte des Druiden.

Der hatte die Hufe ihrer Pferde längst gehört und erwartete die Wachen des Grafen bereits. „Welch hoher Besuch in meiner bescheidenen Hütte." „Der Graf wünscht Euch sofort zu sehen, Druide!", rief der Hauptmann der Wachen. „Gut. Wenn er das wünscht, komme ich natürlich." Der schroffe Tonfall des Soldaten ließ nichts Gutes erahnen. So band Andron noch schnell ein blaues Fläschchen an seinen Gürtel, warf seinen Mantel über, ergriff den knorrigen Wanderstock und begleitete die Wachen zum Schloss. Unterwegs berichteten sie ihm von den neusten Ereignissen.

„Da ist er ja, der miese Schuft, der unseren Schmied vergrault und den Architekten aus dem Weg geräumt hat", wurde er lautstark vom Haushofmeister begrüßt. Sogleich ließ der Graf alle Ausgänge des Audienzsaals versperren.

„Mäßigt Euch!", erwiderte Andron schroff. „Ich habe meinen Trank überprüft. Er ist völlig in Ordnung und verliert über die Tage kein Quäntchen an Wirkung. Eure Tragödie ist schlimm – das ist wohl wahr. Aber der Auslöser ist anderswo zu suchen."

„Welche eine Lüge!", knurrte der Haushofmeister. „Haltet Ihr uns wirklich für so dumm, das zu glauben? Jetzt? Nach all dem, was geschehen ist?"

„Ja, euch ist Übles widerfahren", erwiderte der Druide und wandte sich an den Grafen. „Aber ich werde Euch beweisen, dass das nichts mit meinem Trank zu tun hat."

„Schon wieder so ein mieser Trick! Hört nicht auf ihn!", fuhr Wolfgang dazwischen. Doch Graf Alfred sah, dass Andron sich seiner Sache ganz sicher war und wurde neugierig. Er deutete ihm, fortzufahren.

„So hört meinen Vorschlag: Ich übergebe Euch ein Fläschchen des gleichen Trankes in Eure persönliche Obhut. Verwahret es wohl, so dass niemand außer Euch daran herankommt. Dann wählt in der Schmiede einen der Gesellen aus und verabreicht ihm persönlich an drei aufeinanderfolgenden Tagen je einen Schluck daraus. Bei Sonnenuntergang zählt auch Ihr persönlich die jeweils neu hinzugekommenen Bleche. Sollte sich dann zeigen, dass die Wirkung meines Trankes tatsächlich nachlässt, so schwöre ich dem Druiden-Dasein ab. Ich werde nie wieder in meine Hütte zurückkehren. Stattdessen binde ich mir die

Lederschürze um, stelle mich selbst in Eure Schmiede und mache Nägel, Töpfe und Pflugscharen bis ans Ende meiner Tage. Sollte die Wirkung meines Trankes aber nicht nachlassen, so sucht Ihr den wahren Schuldigen und zieht ihn zur Rechenschaft."

„Was für eine schwachsinnige Idee", rief Wolfgang sogleich, der es nun mit der Angst zu tun bekam. „Das würde nicht das Geringste beweisen!"

„Nun", wandte sich Graf Alfred an Wolfgang, „welchen Vorschlag habt Ihr denn, um die Wahrheit herauszufinden?" „Gar keinen. Aber so würde ich es jedenfalls nicht machen!" „Hm", murmelte Graf Alfred und überdachte die Situation. Schön langsam kam ihm das Verhalten seines Haushofmeisters reichlich seltsam vor.

„In Ordnung. Gib mir den Trank", wandte er sich an den Druiden. „Ich werde das vorgeschlagene Experiment ausführen. Doch bis wir wissen, welches Ende es nimmt, wirst du mein Schloss nicht verlassen. Ich kommandiere zwei Wachen ab, die dich in diesen Tagen auf Schritt und Tritt begleiten. Und es werden keine weiteren Tränke gebraut in dieser Zeit. Habe ich mich klar ausgedrückt?"

„Lasst doch das törichte Unterfangen und steckt ihn lieber gleich in den Kerker!", forderte Wolfgang. „Das mache ich nicht", antwortete Graf Alfred. „Wenn ich die Sache aber recht überdenke, so stelle ich auch noch zwei Wachen für Euch ab. Und jetzt lasst uns herausfinden, was der Trank tatsächlich auszurichten vermag."

EINE SCHWERE ENTSCHEIDUNG

Gleich am nächsten Tag verabreichte Graf Alfred einem Schmiedegesellen den Trank des Druiden und zählte am Abend persönlich die neuen Bleche. Wie erwartet, war der Stapel sehr hoch.

Nun wurde es spannend. Das erfreuliche Ergebnis des ersten Tages kannte man ja bereits. Aber der nächste Tag würde einen ersten Hinweis auf den Ausgang des Experiments geben. Voller Spannung erwartete er den nächsten Morgen. Und auch am zweiten Tag verabreichte er dem Schmiedegesellen persönlich einen Schluck des Druiden-Tranks. Als er abends zur Schmiede kam, um den Fortschritt zu kontrollieren, türmte sich ein zweiter – nicht minder hoher Blechstapel – daneben. „Sehr interessant", dachte der Graf und kehrte wieder auf sein Schloss zurück.

Endlich brach der dritte Tag an und wieder schaffte der Geselle mit Androns Trank eine ungewöhnlich hohe Anzahl neuer Bleche. Das Ergebnis war offensichtlich, schmerzte aber auch sehr. Denn der bisher ehrenwerte Haushofmeister war ein wichtiger Mann im Schloss. Er kümmerte sich um alles und war nahezu unverzichtbar. Dennoch konnte solch ein Verhalten nicht geduldet werden. Eigentlich müsste man ihn für sein Vergehen in Schimpf und Schande davonjagen. Der Druide hingegen hatte zweifelsfrei bewiesen, dass er nützlich und vertrauenswürdig sei. Nun war guter Rat teuer.

Der Graf ließ sein Pferd satteln und ritt in der Dämmerung nach Norden. Dort – an der Quelle des Baches, der sich durchs Tal schlängelte – lebte eine weise Frau. Sie war bekannt dafür, mit ihrem klaren Blick tief ins Herz ihrer Besucher sehen zu können. Freundlich empfing sie den verzweifelten Grafen und bot ihm einen heißen Tee an. Sie nahmen Platz auf der Bank vor der Hütte, blickten ins Tal hinunter und berieten bis spät in die Nacht.

Am nächsten Tag rief der Graf Andron und Wolfgang zu sich. „Dein Zaubertrank ist ohne Makel", verkündete er das Ergebnis des Experiments. „Das Elixier erfüllt genau den versprochenen Zweck. Davon habe ich mich nun selbst überzeugt." Dann wandte er sich an Wolfgang. „Aber wie erklärt Ihr Euch, dass der Trank, den ich Euch persönlich für den Schmied übergab, plötzlich und immer wieder aufs Neue jegliche Wirkung verlor?"

„Der Druide ist schuld! Er hat uns betrogen!", schrie der in die Enge getriebene Haushofmeister. „Er führt uns alle an der Nase herum! Bestimmt hat er uns die ersten beiden Male einen anderen Trank gegeben, der schnell nutzlos wird."

„Sowas geht nicht über Nacht", konterte Andron. „Es dauert Monate, bis die Wirkung eines Trankes nachlässt."

„Du bist ein mieser Schuft, der uns absichtlich schaden will!", kreischte Wolfgang erneut.

„Was hätte ich denn davon, euch zu schaden?", wandte Andron ein. „Nehmen wir an, ihr alle verhungert tatsächlich. Wer würde meine Sichel schärfen, meinen Kessel flicken und mir Stoffe beschaffen? Denkt Ihr wirklich, ich hätte auch nur den geringsten Vorteil davon, wenn es euch hier schlecht ergeht? Ich brauche das Dorf doch genauso wie alle anderen hier."

Graf Alfred hatte genug gehört. Mit einer Handbewegung beendete er den Zwist. Schweren Herzens entband er Wolfgang von allen Sonderaufgaben und gebot ihm, sich von nun an ausschließlich um die Hauswirtschaft und das Personal im Schloss zu kümmern.

FRISCHER WIND

Nachdem sich der Druide verabschiedet hatte, befahl Graf Alfred, den Schmied zu suchen und zurück ins Dorf zu bringen. „Irgendwo muss sich der Kerl ja verkrochen haben." Er schickte Boten in alle Himmelsrichtungen und ließ im ganzen Land verkünden, dass der wahre Schuldige enttarnt, der Schmied schuldlos sei und er doch bitte wieder ins Dorf heimkehren möge. Es drohe ihm keinerlei Strafe.

Die Tage zogen ins Land und nichts passierte. Graf Alfred hatte in der Zwischenzeit die Leitung der Schmiede einem Schmiedegesellen übertragen, der jedoch seine Lehrjahre längst noch nicht hinter sich hatte und daher die Anforderungen der Dorfbewohner kaum erfüllen konnte.

Groß war die Erleichterung, als der Schmied ein paar Tage nach dem Aufruf wieder im Dorf erschien. Er nahm sogleich seine Arbeit wieder auf und bald war der Vorratsspeicher rundum bestens abgesichert. Die glänzende Eisentüre passte perfekt und schloss den Speicher dicht ab. Und auch alle Lüftungsklappen waren mäusesicher.

Dank der guten Pflege durch den Medicus kam der Architekt nach ein paar Wochen wieder auf die Beine. Anfangs war er zwar noch sehr schwach, aber man trug ihn täglich auf die Baustelle. Dort konnte er bereits die wichtigsten Entscheidungen treffen und damit die Arbeit am Kloster weiter vorantreiben. Von Tag zu Tag erholte er sich mehr.

Zufrieden betrachtete der Druide den Fleiß und das harmonische Zusammenarbeiten der Schmiede, Arbeiter, Handwerker und Köchinnen, die sich um deren leibliches Wohl kümmerten. Er genoss es, die Klostermauern in den Himmel wachsen zu sehen. Und er freute sich über seinen Beitrag, der das alles erst möglich gemacht hatte und der trotzdem fast vereitelt worden wäre, wenn ihm Graf Alfred nicht so bedingungslos vertraut hätte. Bei dieser Erinnerung wurde dem Druiden ganz warm ums Herz.

Auch Graf Alfred konnte sein Glück kaum fassen, wenn er die Fortschritte seines Klosters sah. Nie hätte er gedacht, dass Menschen so fröhlich und zielstrebig ans Werk gehen können. Nie hätte er gedacht, dass alles, was gerade noch schwierig und unlösbar schien, auf einmal leicht von der Hand geht.

Deswegen verging kein Tag, an dem er nicht die Baustelle und das Lager der Wanderarbeiter aufsuchte. Er sprach mit den Gesellen und Arbeitern, hörte sich deren Sorgen, Nöte und Wünsche an, diskutierte mit dem Architekten und half überall, wo er nur konnte.

Kam er auf dem Weg zum Schloss am Haus des Schmiedes vorbei, dachte er jedes Mal dankbar an den Druiden, an seine kleinen blauen Fläschchen und an das klare Bild, das er durch ihn über die Vorgänge in seinem Schloss bekommen hatte.

Als das Kloster fertig war, gab Graf Alfred ein großes Fest und es wurde drei Tage und drei Nächte lang gefeiert, gegessen, gelacht, gesungen und getanzt.

Die alte Burg am Flussberg

Es war einmal eine alte Burg, die oben am Flussberg thronte und die bis heute zu bewundern ist.

Unten im Tal lebten drei Schlangen, die sich allzu gern auf den warmen Steinen am Rande des Flusses sonnten. Stets aufmerksam beobachteten sie ihre schöne Umgebung und lauerten auf Beute. In diesem Zauberwald bestand ihre Nahrung aus dem, was Menschen oft achtlos zurückließen: verleugnete Gefühle wie die Angst nicht zu genügen, Feindseligkeit, Neid und verdrängten Schmerz. Außerdem besaßen diese Schlangen eine besonders tückische Zauberkraft. Sie konnten sich für die Menschen unsichtbar machen. So beschlossen sie eines Tages, zwischen ihnen zu intrigieren.

Sie schlängelten sich auf den Weg zur Burg hinauf. Sie witterten Unheil bei den Menschen und freuten sich auf fette Beute.

Die prächtige Burg, vor Jahren noch ein unbewohntes Gemäuer, verstand sich nun als willkommene Herberge für Reisende aus Nah und Fern. Dem neuen Burgherrn sei Dank, denn das eigentlich alte Gebäude erstrahlte nun in neuem Glanz und die Menschen wirkten glücklich und zufrieden. Ein Zustand, der den Schlangen gar nicht gefiel. Sie bangten um ihre Nahrung und mussten so schnell wie möglich handeln.

Ihr Plan war einfach, aber böse: Sie schworen sich, dem Burgherrn und seiner Familie das Leben so unheimlich und so schwer zu machen, auf dass die schöne Fassade zu Bruch ginge und alles Übertünchte wieder zum Vorschein käme, sodass sie am Ende die Burg ganz für sich alleine haben könnten.

Schlangen haben viel Zeit und Geduld sowie ein feines Gespür für Veränderungen. Liegen Spannungen in der Luft, spüren sie das früher als Menschen. Sie fühlen Gewitter lange vor dem ersten Donnerschlag. Und nicht zu vergessen – die Schlangen haben einen Verbündeten: den Wind. Und dieser flüsterte ihnen zu, was in der alten Burg vor sich ging.

Die Geschäfte des Burgherrn entwickelten sich prächtig. Lange lebte er in Frieden und Harmonie mit seiner Frau. Das Glück war vollkommen, als sie ihr erstes Kind zur Welt brachten. Wie ein Lauffeuer verbreitete sich die Kunde vom Nachwuchs auf der alten Burg am Flussberg und natürlich tief unten im Tal.

Den Schlangen trug der Wind zu, dass dem Burgherrn ein Mädchen geboren worden war. „Jetzt haben wir ein -zsch- Mädchen bekommen", spotteten die Schlangen. „Oje, es wird dem -zsch- Burgherrn nicht gefallen, dass es -zsch- kein Bub ist!", zischelte es aus den winzigen Höhlen und Rückzugsritzen der Schlangen. Nun witterten sie ihre erste Chance. „Lasst uns aus dieser kleinen Enttäuschung eine -zsch- richtig, richtig große machen!" Sie überlegten, wie sie Salz in die Wunde des Burgherrn streuen könnten, und heckten einen üblen Plan aus.

Doch die Zeit zog zunächst glücklich ins Land und ins Tal. Zwei Jahre später blies ein mächtiger Sturm über die alte Burg hinweg. Ihre Mauern waren aus dicken Steinen fest gefügt und so blieb sie vor Schäden verschont.

Das Heulen des Windes erreichte die Schlangen abermals als erstes: „'s wird 'n Bub", „fffroh, ein Bub". Ob sich darin eine gute Neuigkeit für die Schlangen versteckte? …

Oben auf der alten Burg kam tatsächlich ein strammer Stammhalter zur Welt.

Und diesmal freuten sich die Schlangen. Denn jetzt sahen sie ihre Chance gekommen, Zwietracht und Streit zwischen den Kindern der Familie zu säen.

Durch kleinste Öffnungen schlängelten sich die feindlich gesinnten Unwesen in die Gemäuer der Burg. Sie blickten neidisch auf die Herrlichkeit des alten Bauwerks und suchten die Kinder des Burgherren und seiner Frau auf. Für die Menschen unsichtbar, säuselten die Schlangen den Kindern gemeine Dinge zu. Sie wollten Einfluss nehmen und waren in ihrem Zorn auf die Familie siegessicher.

Doch sie hatten sich arg getäuscht. Ihr Plan wurde vereitelt. Zu harmonisch war das Verhältnis der Kinder zueinander und so zogen die Jahre abermals glücklich ins Land und ins Tal.

Die beiden Kinder des Burgherrn und seiner Frau entwickelten sich prächtig und nur die besten Lehrer wurden bestellt, um sie zu unterrichten. Die Tochter durfte sogar in ferne Länder reisen, um andere Burgen zu besuchen. Sie lernte dort fremde Menschen und deren Sprachen kennen und kehrte bereichert zurück. So kam der Tag, an dem die Tochter und der Sohn ihre Eltern bei der Bewirtschaftung der Burg unterstützten und ihnen nach und nach wichtige Aufgaben abnahmen. Manche Menschen beneideten den Burgherrn um die Eintracht und den Zusammenhalt in seiner Familie. Die Gäste, die den Weg zur Burg fanden, waren beglückt und fühlten sich sehr wohl. „Wir kommen wieder zu euch!", hörte man die Leute zufrieden sagen.

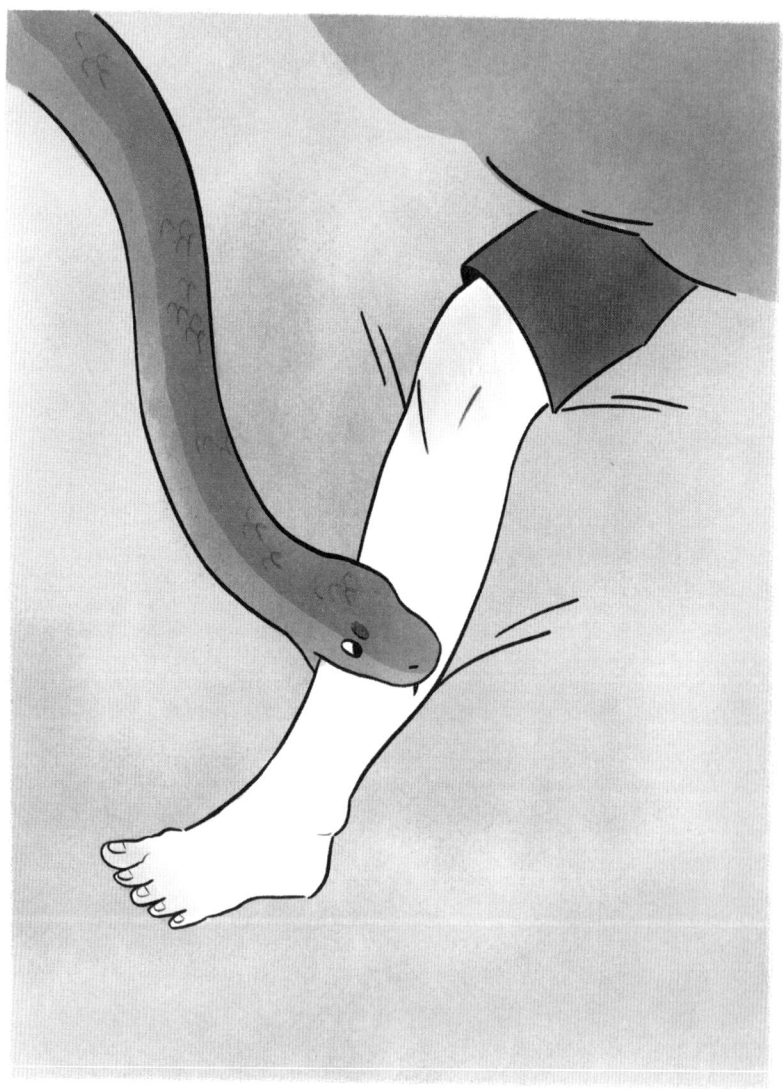

Doch ein Wermutstropfen trübte das Glück und die Harmonie der Familie. Das Schicksal wollte der Tochter und ihrem Gemahlen kein Mutterglück gewähren.

Der Wind hatte dies den Schlangen schon vor langer, langer Zeit verraten und es gefiel ihnen ungemein. „Da wird sie aus der -zsch- Erbfolge ausscheiden!", versicherten sie einander. „Wisst ihr was, -zsch- wir machen einen neuen Versuch, Streit und -zsch- Zwietracht zu säen. Der Bruder soll die alte Burg am Flussberg für sich und seine Familie allein begehren."

Begeistert von der Idee setzte sich eine der bösen Schlangen eilig Richtung Burg in Bewegung. Dort angekommen, fand sie den Sohn in seinem Gemach und biss ihn ins Bein. Der Sohn bemerkte zwar ein kurzes Brennen in der Wade, maß dem aber keine Bedeutung bei. Doch das Gift der Zwietracht begann in ihm zu wirken. Es lähmte den Sohn zwar nicht, lenkte aber fortan seine Gedanken und Handlungen.

Am Fluss feierten indessen die Schlangen voller Schadenfreude ihren ersten erfolgreichen Angriff.

Dunkle Wolken standen über der alten Burg und auch die Gedanken des Sohnes verdüsterten sich. Er wusste mittlerweile, dass seine Schwester, die Erstgeborene, kinderlos bleiben würde und es an ihm lag, für Nachkommen zu sorgen, um damit die Burg in der Familie zu halten. Der Sohn suchte also das Gespräch: „Gell, Vater, es ist ein echter Jammer, dass meine Schwester keine Kinder bekommen kann. Damit bin ja ich es, der die Aufgabe übernimmt, den Fortbestand unserer Burg zu sichern." Erleichtert reagierte der alte Burgherr auf die Worte seines Sohnes. „Schön, dass du das genauso siehst wie ich. Deine Schwester kann ja nichts dafür… Doch mit deiner Entscheidung,

die Burg für unseren Stamm zu erhalten, bin ich sehr glücklich. Denn der Erhalt der Burg steht über allem", fuhr er fort. Die zwei waren sich einig: „Die Nachfolge trittst du an, mein Sohn, und nicht deine Schwester."

So hallten die Worte durch die dicken Mauern der Burg und zerstörten die Geschwisterliebe.

Die Schlangen spürten eine gewisse Unruhe, die sie noch nicht erklären konnten. Was würde wohl geschehen?

Der Anblick der Burg wurde inzwischen immer prächtiger. Früher ungenutzte Räume wurden mit feinen Stoffen und edlen Möbeln ausgestattet. Immer mehr Gäste strömten herbei. Doch der Schwester fiel auf, dass sich ihr Bruder immer mehr wie der zukünftige Burgherr verhielt.

Die Schlangen trugen neuerlich das Ihre dazu bei: „Bist nicht du es, die als Erstgeborene Anrecht auf die Burg hat?", flüsterten sie der Tochter ein. Und auch diesmal zeigte das Gift der Worte Wirkung.

Die Enttäuschung der Tochter über die Ungerechtigkeit des Vaters wuchs. Zugleich fühlte sie sich wegen ihrer Kinderlosigkeit schuldig und stellte schließlich den Bruder zur Rede: „Was gibt dir das Recht, wie ein Burgherr aufzutreten? Darf ich dich daran erinnern, dass ich die Erstgeborene bin! Und dass die Burg heute in diesem Glanz erstrahlt, ist auch mein Verdienst." Aufgebracht stampfte die Schwester auf den Boden. Der Bruder besänftigte sie und beteuerte, dass sie als Erstgeborene natürlich das Vorrecht auf die Burg hätte. Doch konnte ihm die Schwester das wirklich glauben?

„Glaub ihm nicht, -zsch- der lügt", zischte ihr die Schlange ins Ohr, „der kann dich gut gebrauchen, doch seine Absicht ist eigennützig", flüsterte die Schlange weiter.

Der Tochter kamen Zweifel an ihrem Bruder und so vertraute sie der Schlange mittlerweile mehr als ihrem eigenen Fleisch und Blut. Sie ging mit ihren Sorgen zu ihrer Mutter. Diese verbündete sich mit ihr und versprach, beim Burgherrn – ihrem Vater – für sie einzutreten.

Im Schlafgemach fasste sie sich ein Herz und sprach: „Heute ist unsere Tochter zu mir gekommen und hat gar bitterlich geweint. Sie erzählte mir vom unangemessenen Verhalten ihres Bruders und dass sie sich von ihm ungerecht behandelt fühlte." „Alles Weibergeschwätz! In Wahrheit ist sie doch schon lange nicht mehr so fleißig und verlässlich wie früher. Warum kommt sie denn zu dir und geht nicht auf direktem Weg zu ihrem Bruder? Die beiden sind erwachsen genug, um das unter sich auszumachen. Das geht uns doch nichts mehr an!" Um des Friedens willen gab sich die Mutter mit dieser Antwort zufrieden.

Am nächsten Morgen suchte die Tochter erwartungsvoll ihre Mutter auf, um vom Gespräch mit dem Vater zu erfahren. Diese schien ihre Blicke jedoch nicht zu bemerken und wandte sich anderen Aufgaben zu.

„Siehst du", flüsterte die Schlange, „nicht einmal deine Mutter - zsch- steht mehr auf deiner Seite, nicht einmal auf deine Mutter -zsch- kannst du dich verlassen!"

Der Sohn trat währenddessen als Burgherr auf und stellte eines Abends den Eltern seine zukünftige Frau vor: „Die Hochzeit müssen wir schnell ausrichten, denn wir erwarten ein Kind."

Etwas verblüfft machten sich die Eltern Gedanken und hegten Zweifel: „Ist die wohl gut genug für meinen Sohn?", sorgte sich die Mutter etwas überrumpelt. „Was findet er denn an der? Ich hätte mir eine andere genommen.", dachte sich auch der Vater. Beide blieben jedoch stumm und gaben den Brautleuten ihren Segen für die baldige Trauung.

Die Schlangen genossen ihren Triumph der Zwietracht: „Das hast du gut gemacht! Der Mutter hat man angesehen, dass sie lügt."
„Danke für das Lob, du weißt doch selbst, dass nichts leichter ist, als Zweifel zu schüren.", antwortete die andere hämisch.

Unterdessen feierte die Familie beschwingt mit Freunden und den Bediensteten die Hochzeit auf der alten Burg: Wenige Monate danach erfreute die Geburt eines Stammhalters die Familie.

Auch die Schlangen kreischten heimtückisch: „Unser Plan geht auf. Denn jetzt ist wohl endgültig klar, wer der zukünftige Burgherr ist. Damit ist Streit sicher!" Die Schlangen ermutigten den jungen Burgherrn dazu, den Vater auf sein Versprechen anzusprechen und das Geheimnis um das Erbe der alten Burg zu lüften.

Dem Sohn, mittlerweile verantwortungsvoller Vater und zugleich machthungriger Mann, saß auch seine Frau im Nacken: „So, jetzt ist es an der Zeit, dass dein Vater sein Versprechen einlöst und uns die Burg zur Führung überlässt." Jedoch darauf angesprochen erwiderte der alte Burgherr seinem Sohn: „Unser Übereinkommen gilt, aber erst dann, wenn ich es für richtig halte."

Die Schwiegertochter sah sich durch diese Antwort hinters Licht geführt, hatte sie doch ständig vernommen und darauf gebaut, dass der alte Burgherr nach der Geburt eines Stammhalters die Regentschaft abtreten würde.

Niemand außerhalb der Familie ahnte etwas von dem anschwellenden Streit zwischen den Familienmitgliedern und ihren Ehepartnern. Das Leben auf der Burg nahm seinen gewohnten Lauf. Einzig die Bediensteten bemerkten immer öfter Unstimmigkeiten und fragten sich: „Wer erteilt uns nun Befehle? Einer oder alle gleichzeitig?"

Die Schlangen freuten sich über den Zwist und die Anbahnung von Katastrophen. Sie malten sich jetzt schon aus, wie die Burg langsam verfallen und wieder nur ihnen gehören würde.

In der Burg begann bald die Suche nach Schuldigen für die Zwistigkeiten. Der Burgherr und seine Frau waren sich darin einig, dass es früher besser gewesen war und dass die Probleme erst begonnen hatten, als der Sohn seine Frau ins Haus gebracht hatte.

Die Schlangen jubilierten: „Jetzt brauchen wir nur noch die junge Frau aufzustacheln – für den finalen Stoß gegen den Burgherrn." Sie flüsterten ihr giftig ins Ohr: „Was hast du denn da für einen -zsch- Taugenichts geheiratet? Der traut sich seinen Eltern gegenüber gar nichts zu sagen und auch bei seiner Schwester -zsch- bringt er den Mund nicht auf. Ein schönes Schlamassel hast du dir da eingebrockt. Wir möchten nicht in deiner -zsch- Haut stecken."

Der junge Burgherr verzweifelte zusehends. Allmählich waren alle gegen ihn und seine Frau übte den größten Druck auf ihn aus. Die Vorwürfe wollten kein Ende nehmen. Als er keinen Ausweg mehr wusste, fasste er sich ein Herz und sprach sie darauf an: „Was sollen wir tun?" Sie war gerührt von der Not ihres Mannes und schlug ihm vor, sich Rat von einer weisen, unbeteiligten Person zu holen, um den familiäre Machtkampf doch noch beizulegen. „Man sagt, in der Gegend wirke eine Muse. Sie habe besondere Gaben und Talente. Lass sie uns holen! Auch ich wünsche mir für uns alle Glück und Harmonie und neuen Frieden. So kann es wirklich nicht weitergehen." Liebevoll griff sie nach der Hand ihres Gatten und blickte ihn mit erwartungsvollen Augen an.

Ein Sturm störte das Festmahl der Schlangen unten im Tal. Der Wind brachte Kunde und meldete den Schlangen, dass sich der Sohn gemeinsam mit seiner Frau Unterstützung von außen geholt hätte. Sie nannten sie Muse. Die Feierlaune brach mit einem Schlag ab und sie schickten sofort die dritte Schlange nach oben, um herauszufinden, um wen es sich bei dieser Muse handelte und was sie tun könnten, damit ihre Pläne nicht im letzten Augenblick durchkreuzt würden. Giftig blinzelte die Schlange auf der alten Burg in die Gemächer der Familie. Sie belauschte deren Pläne und zischte zornig und wild. Als sie vom Auskundschaften zurückkam, meldete sie: „Ich habe einen neuen Plan: Wir hetzen jetzt alle Beteiligten auf die Muse. Am Schluss muss es so aussehen, als ob sie allein an allem schuld sei!"

Mit all ihrer List versuchten die boshaften Schlangen, ihr Gift auf der Burg zu verspritzen: „Die Muse kommt nur, damit -zsch- nur einer recht hat! Und du bist das nicht!" Der Schwester flüsterte die andere Schlange zu: „Wenn die Muse da ist, bist du -zsch- endgültig die Unterlegene! Glaube der Muse kein Wort, sie ist -zsch- fremd!"

Ob sich die Schlangen da nicht überschätzten? Denn sie kannten die Fähigkeiten der Muse nicht.

Diese folgte dem Ruf des jungen Paares und erschien bald auf der Burg. Ihr Wesen wirkte für die Familie vom ersten Moment an besonnen und beseelt.

Zuerst sprach die Muse mit jedem einzelnen von Angesicht zu Angesicht. Sie hörte sich geduldig deren Geschichten an. Sie fragte nach, war einfühlsam und zeigte Verständnis. Dadurch erwarb sie das Vertrauen aller. In den Gesprächen erkannte sie, wie schwer es bisher allen in der Familie gefallen war, über ihr Innerstes zu sprechen. Sie kam zu der Überzeugung, dass alle froh wären, wenn sie gut miteinander reden könnten. Denn eigentlich hoffte jeder, dass die erfahrene Muse den Weg für offene Gespräche wieder frei machen könnte. Fast wie durch ein Wunder war jeder Einzelne heilfroh über die Meldung der Muse, dass alle den gleichen Wunsch hegten und dass es nun an der Zeit war, sich gemeinsam an einen Tisch zu setzen.

Für die Schlangen sah es nun schlecht aus. Doch sie wollten sich noch nicht geschlagen geben. Zu dritt machten sie sich auf den Weg zur Burg. Sie impften allen ein, dass die Muse die Aufgabe hätte, die Menschen von der Burg zu verdrängen. „Kehrt um, ihr -zsch- Menschen, kehrt um!"

Die ursprüngliche Skepsis wuchs dadurch erneut. Eine Einmischung durch eine Fremde? Vater, Mutter und Schwester verbündeten sich mit dem Ziel, das Spiel der Muse rasch wieder zu beenden. „Wir kommen ohne die Fremde aus, sie vergeudet unsere kostbare Zeit und fordert ihren Preis, wir werden sie bald verabschieden", hieß es aus ihrem Munde mit einem Mal einig.

Wendete sich nun endlich das Blatt für die bösen Schlangen? Mitnichten! Wiederum unterschätzten die Schlangen die Fähigkeiten der Muse.

Dieser war das Verhalten aller Beteiligten wohl vertraut. Sie verstand, dass sie zwei Schritte im Streit zurückgegangen waren. Sie wusste, dass es jetzt erst möglich war, alle Ängste und Gefühle ehrlich anzusprechen. Ihre Erfahrung, ihr Mitgefühl und ihre Kunstfertigkeiten zeigten sich als Schlüssel zur Lösung. Wie durch Zauberhand bewirkte sie, dass die Beteiligten aufrichtig waren. Unter ihrer Anleitung gelang es ihnen, zum ersten Mal seit vielen Jahren wieder offen miteinander zu reden.

Der alte Burgherr bekräftigte in diesem Gespräch: „Mir geht es um den Fortbestand der Burg, denn das sichert das Leben unserer Familie über viele Generationen und auch das Leben unserer Bediensteten." Seine Frau wiederum trat dafür ein, auch die Familienbande zu hegen und zu pflegen, denn was nützte aller Besitz, wenn die Familie zerbrach? Ihre Tochter verstand plötzlich die Beweggründe beider Eltern und auch, dass sie in der Familie unbestritten einen sicheren Platz hatte. Doch wenn es darum ging, die Burg zu führen, so waren wohl doch der Bruder und seine Frau die Richtigen. Die beiden waren bereit, die Verantwortung gemeinsam zu übernehmen und die Last der vielen Arbeit zu teilen.

Zu ihrer eigenen Überraschung verspürte die Schwester dabei Erleichterung. Mit einem Mal eröffnete sich ihr die Freiheit, wieder in ferne Länder zu reisen, dort schöne Dinge zu erwerben und in die Heimat zu bringen. Die Eltern fanden diese Idee großartig und schenkten ihr und ihrem Mann eine Truhe mit Gold, eine Kutsche mit sechs stattlichen Rössern und ein Haus im Tal, in das sie immer zurückkehren konnten.

Die Schlangen waren entsetzt! All ihre Intrigen, all das Gift, welches sie impften, gingen ins Leere, seitdem die Muse zu Rate gezogen worden war. Sie spuckten Gift und Galle und ärgerten sich über den neu gewonnenen Frieden auf der alten Burg. Zornig blitzten ihre seltsam funkelnden Augen hinauf auf den Flussberg. Im Tal braute sich ein ordentliches Gewitter zusammen und der Wind verkündete den Schlangen keine gute Kunde.

Denn oben auf der Burg wurde ein Fest gefeiert. Es spielte fröhliche Musik, es wurde getanzt und viele Menschen waren eingeladen. Der alte Burgherr ergriff selbstbewusst das Wort: „Die Lektion, die ich gelernt habe …", sagte er feierlich zu seiner Familie: „Wir hätten von vornherein ehrlich miteinander sein müssen." Er ergänzte einsichtig: „Wir dürfen nie mehr Gefahr laufen, unsere Familienbande und unseren Besitz aufs Spiel zu setzen!"

Deswegen bedankte er sich bei der jüngeren Generation, dass sie die Muse gerufen hatten. „Wer hätte gedacht, dass eine Person, die nicht einmal zur Familie gehört, so hilfreich für uns alle sein kann? Jetzt bin ich eines besseren belehrt und froh, dass uns dies gemeinsam gelungen ist."

In den letzten Tagen und Wochen hatte er erkannt, dass die Burg nicht über den Interessen der Familie gestellt werden durfte. Der alte Burgherr, beseelt von der neu gewonnenen Verbundenheit innerhalb seiner Familie, beendete seine Rede mit den Worten: „Die Wahrung der Interessen jedes einzelnen Familienmitglieds ist Voraussetzung für das Überleben unserer Burg. Auf uns und unsere Burg!"

Glücklich über diese Erkenntnis zwinkerte die Muse den Familienmitgliedern zu. Es war Zeit weiterzuziehen, denn sie wurde bereits an einem anderen Ort erwartet.

Im Tal lagen die Schlangen wieder auf ihren warmen Steinen am Ufer des Flusses, das Gewitter hatte sich verzogen, aber ihre Mienen blieben finster. Dieses Mal hatten sie den Kürzeren gezogen, aber sie würden nicht aufgeben und auf ihre nächste Chance warten.

Und weil sie nicht gestorben sind, lauern sie noch heute ...